Wieder ein neuartiges, überraschendes Gerätekonzept von ROHDE & SCHWARZ

SELEKTOMAT Type USWV
30...400 MHz

Spannungsmessung 10 µV ... 1 V
linear oder logarithmisch

ein automatisiertes, selektives VHF-Röhrenvoltmeter, das selbsttätig Ihre Arbeit übernimmt:

Sucht das gesamte VHF-Band ab, klammert sich an die stärkste gefundene Frequenz und zeigt ihren Wert in MHz und db, ist also gleichzeitig breitbandig und selektiv

folgt dieser - oder auch schwächeren, einmalig von Hand ausgesuchten Komponenten - bei Frequenzänderungen, erspart also das lästige Nachstimmen bei unstabilen Frequenzen oder bei Schritt-für-Schritt-Frequenzgangmessungen

folgt sogar der gleitenden Frequenz des Ihnen sicher bekannten POLYSKOP I und stellt damit den lang erwarteten Vorverstärker für dieses Gerät dar, der seine Empfindlichkeit entscheidend steigert

kurz, auch der SELEKTOMAT rationalisiert die Meßtechnik

ROHDE & SCHWARZ   MÜNCHEN 8

ISBN 978-3-663-00882-8   ISBN 978-3-663-02795-9 (eBook)
DOI 10.1007/978-3-663-02795-9

NACHRICHTENTECHNISCHE FACHBERICHTE

Beihefte der NTZ

Band 20 - 1961

NEUERE PROBLEME DER MESSTECHNIK

Herausgeber: Dipl.-Ing. J. WOSNIK, Düsseldorf; Springer Fachmedien Wiesbaden GmbH

Die NTF werden als Beihefte der Nachrichtentechnischen Zeitschrift (NTZ) herausgegeben und erscheinen nach Bedarf. Druck: Ernst Hunold, Braunschweig. Nachdruck, photographische Vervielfältigungen, Mikrofilme, Mikrophotos von ganzen Heften oder Teilen daraus sind ohne ausdrückliche Genehmigung des Verlages nicht gestattet.

Preis des Bandes 20: DM 12,--; für VDE/NTG-Mitglieder Preis: DM 10,80.

INHALT   Seite

Nachrichten-Meßtechnik und Physik

KARTASCHOFF, BONAMI, DE PRINS Atom- und Molekülruhren . . .   1
KURTZE Analogien in der Meßtechnik für akustische und elektrische
        Wellen gleicher Wellenlänge   6
MRASS   Das Reziprozitäts-Theorem und seine Anwendung in der
        Meßtechnik   11

Neuartige Bauteile der Meßtechnik

SOMMER Erfahrungen mit Heiß- und Kaltleitern in der Meßtechnik . . 15
KUHRT   Der Hall-Generator und seine Anwendung in der Meßtechnik .   19
KAHLE   Prinzipien für den Bau von Geräten und Apparaturen für tiefe
        Temperaturen   25

Rationalisierung und Automatisierung in der Meßtechnik

HOFFMANN Anwendung von Sichtgeräten für zeitsparende Messungen   31
SCHUNACK Ein Rasterkurvenschreiber und seine Anwendung   35
SCHRÖDER Rationalisierung und Automatisierung von Prüfarbeits-
          gängen bei der Kleinserienherstellung von Relais   37
BECKSTROEM Automatische Prüfung von Trägerfrequenzgeräten . .   39
WAITZ   Verfahren zur automatischen Dämpfungsprüfung   41
REINISCH Meßtechnische Eigenschaften und Grenzen der Analog-
          Digital-Umformer   43
LENZ   Analoge Darstellung digitaler Daten auf einem Sichtgerät . . . 48

Zusammenfassungen   51
Summaries   52

Vorwort des Herausgebers

Der Band 20 der NTF ist entstanden aus einer Fachtagung der Nachrichtentechnischen Gesellschaft im VDE (NTG), die der Fachausschuß 7 "Meßverfahren und Meßgeräte der Nachrichtentechnik" (Fachausschußleiter: Obering. Dipl.-Ing. Thilo) vom 22. bis 23. Oktober 1959 in Darmstadt veranstaltet hat. Alle Vortragenden bis auf zwei haben einen Beitrag zu diesem Band geliefert, wofür ihnen an dieser Stelle gedankt sei.

Wosnik

ANSCHRIFTEN DER VERFASSER

Ing. H. Beckstroem, Siemens & Halske A.G., Großsender ZL 461, Berlin - Siemensstadt

Dr.-Ing. G. Hoffmann, Wandel & Goltermann, Reutlingen

Dr. H.G. Kahle, Darmstadt, Techn. Hochschule, Institut für technische Physik

Dipl.-Ing. P. Kartaschoff, Laboratoire Suisse de Recherches Horlogères, Neuchâtel

Dr. F. Kuhrt, Siemens-Schuckertwerke A.G., Nürnberg, Katzwanger Str. 150

Dr. G. Kurtze, Grünzweig & Hartmann, Mannheim, Maximilianstr. 2

Dr. K. L. Lenz, Siemens & Halske A.G., München 25, Hofmannstr. 51

Dr. H. Mrass, Physikalisch-Technische Bundesanstalt, Braunschweig, Bundesallee 100

Dipl.-Phys. G. Reinisch, Siemens & Halske A.G., Wernerwerk für Meßtechnik, Karlsruhe

W. Schröder, Eilvese

Dr.-Ing. J. Schunack, Berlin - Lichterfelde 1, Drakestr. 1a

Dr.-Ing. J. Sommer, Eningen u.A., Beethovenstr. 18

Ing. G. Waitz, Standard Elektrik Lorenz A.G., Mix & Genestwerke, Stuttgart - Zuffenhausen, Hellmuth-Hirth-Str. 42

ATOM- UND MOLEKÜLUHREN

P. Kartaschoff, J. Bonami, J. de Prins, Neuchâtel

Mit 5 Bildern

Atom- und Moleküluhren

Eine genaue Uhr besteht immer aus einem Frequenznormal, verbunden mit einer Einrichtung (Zählwerk) zur Integration der Normalfrequenz [1]. Atom- und Moleküluhren sind dadurch gekennzeichnet, daß man einen quantenmechanischen Vorgang (Spektrallinie) als Frequenznormal verwendet [25]. Eine solche Normalfrequenz ist eine Naturkonstante, also unabhängig von Ort und Zeit und kann mit sehr hoher Genauigkeit reproduzierbar gemessen werden, weil ihre Resonanzgüte ($Q = \frac{\nu}{\Delta \nu}$) außerordentlich hoch ist (theoretisch etwa 10^{15}, praktisch 10^7 bis 10^9).

Von der großen Zahl der bekannten Spektrallinien im Mikrowellen-Spektralbereich sind bisher drei als Frequenznormal zur Anwendung gelangt, nämlich eine Linie des Inversionsspektrums von Ammoniak und je eine Linie des Hyperfeinstrukturspektrums von Caesium und Rubidium.

Zwei für die Mikrowellenspektroskopie charakteristische physikalische Gesetze bestimmen weitgehend die Wahl der Spektrallinie und den Aufbau eines atomaren Frequenznormals. Sie seien nachstehend kurz beschrieben:

a) Eines der wesentlichen Merkmale der Mikrowellen-Spektroskopie ist, daß Moleküle oder Atome in diesem Bereich nur emittieren oder absorbieren können, solange sie einer Bestrahlung durch ein elektromagnetisches Feld geeigneter Frequenz ausgesetzt sind (induzierte Emission und Absorption). Im Gegensatz dazu emittieren Atome und Moleküle im optischen Bereich ihre Anregungsenergie spontan (spontane Emission), nach erfolgter Anregung irgendwelcher Art. Die Breite $\Delta \nu$ einer Mikrowellenspektrallinie wird demnach bestimmt durch die Zeit Δt, während der das Mikrowellenfeld auf das im übrigen ungestörte Molekül einwirken kann, gemäß der einfachen Beziehung $\Delta t \cdot \Delta \nu \approx 1$.

Es leuchtet ein, daß eine möglichst schmale Linie erwünscht ist, denn die Ungenauigkeit der Bestimmung der Linienmitte, wie im allgemeinen auch die äußeren Einflüsse auf die Frequenz der Linienmitte, sind der Linienbreite direkt proportional.

b) Ein weiteres wichtiges Merkmal der Mikrowellenspektroskopie gegenüber der optischen Spektroskopie betrifft die Verteilung der Moleküle im thermodynamischen Gleichgewichtszustand auf die verschiedenen möglichen Energieniveaus. Im einfachsten Falle eines Moleküls (oder Atoms) mit nur zwei Energieniveaus, verhält sich die Anzahl der Moleküle N_2 im oberen Zustand zur Anzahl N_1 im unteren Zustand wie:

$$\frac{N_2}{N_1} = e^{-\frac{h\nu}{kT}}$$

mit $h = 6{,}7 \cdot 10^{-27}$ ergsec

$k = 1{,}38 \cdot 10^{-16}$ erg grad^{-1}

ν = Frequenz des Überganges (10^{10} für Mikrowellen, 10^{15} für Licht)

T = absolute Temperatur

Das Einsetzen der Werte ergibt:

$N_2 \cong 0$ für optische Energiezustände und

$N_2 \cong N_1$ für Mikrowellenübergänge

Bei Zimmertemperatur sind also beide Energieniveaus eines Mikrowellenüberganges etwa gleich bevölkert, so daß ein mit Mikrowellen geeigneter Frequenz bestrahltes Gas fast gleichviel absorbiert wie emittiert, und somit die beobachtete Spektrallinie äußerst schwach ist. Als atomares Frequenznormal eignet sich jedoch nur eine starke Spektrallinie, da sonst die Bestimmung ihres Zentrums wegen des immer vorhandenen thermischen Rauschens ungenau wird.

Die besprochenen zwei Gegebenheiten der Mikrowellenspektroskopie:

a) Breite der Spektrallinien umgekehrt proportional der Wechselwirkungszeit mit dem Mikrowellenfeld,

b) Gleichheit der Besetzungszahlen der Energiezustände,

bestimmen weitgehend die Eigenschaften einer Atomuhr. Die verschiedenen Typen von Atomuhren unterscheiden sich im wesentlichen in der Art und Weise, wie eine schmale und zugleich intensive Spektrallinie erzeugt wird. Man kennt heute folgende Methoden zur Beobachtung schmaler Spektrallinien im Mikrowellengebiet: Atom- und Molekülstrahlen und Gaszellen. Mit der Strahlmethode arbeiten der Ammoniak - Maser und der Caesium - Strahl - Resonator.

1. Ammoniak-Maser

Der NH_3 - Maser ist ein aktives Frequenznormal, d.h. ein Oszillator, der unter geeigneten Bedingungen ein Signal (Leistung ca. 10^{-10} Watt) mit einer reproduzierbaren Frequenz liefert. Das Prinzip, erstmals im Jahre 1955 von Gordon, Zeiger und Townes an der Columbia Universität in New York verwirklicht [2], ist in Bild 1 dargestellt. In einem hochevakuierten Gefäß wird ein Strahl von Ammoniakmolekülen erzeugt. Der Strahl durchläuft zuerst ein Elektrodensystem, das ein radial nach außen zunehmendes elektrisches Feld erzeugt (Bild 2b). Infolge

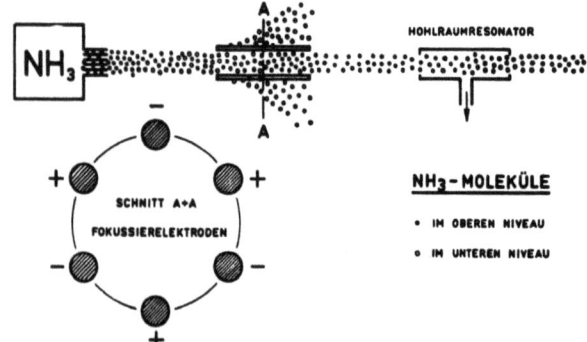

Bild 1: Prinzipschema eines Ammoniakoszillators (Maser)

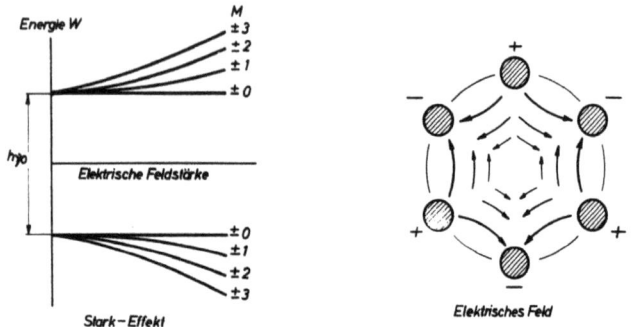

Bild 2: a) Stark-Effekt (Energie W i. F. des elektrischen Feldes E) und
b) Fokussierfeld beim NH_3-Maser (schematischer Querschnitt)

des Stark-Effektes (Bild 2a) erfahren die Moleküle des unteren Energiezustandes eine nach aussen gerichtete Kraft, während die des oberen Zustandes in Richtung der Achse des Strahles fokussiert werden. Auf diese Weise enthält der Strahl beim Eintritt in den Hohlraumresonator einen Überschuß an Molekülen des oberen Zustandes, die unter der Wirkung des im Resonator vorhandenen Mikrowellenfeldes ihre Energie auf der dem Übergang vom oberen zum unteren Zustand entsprechenden Frequenz abgeben. Es gelingt damit, im Hohlraumresonator eine kohärente Schwingung zu erzeugen, deren Frequenz in erster Linie durch die Resonanzfrequenz der Ammoniakmoleküle bestimmt ist. Um aber eine möglichst genaue Reproduzierbarkeit der Frequenz zu erreichen, ist es notwendig, die noch verbleibenden Einflüsse äußerer Parameter zu kennen.

Es sind dies der Größe ihrer Wirkung nach geordnet folgende:

a) Änderung der Abstimmung des Hohlraumresonators

Der Einfluß des Hohlraumresonators auf die Frequenz der vom Maser erzeugten Schwingung kann mit der Wirkung eines phasendrehenden Elementes im Rückkopplungszweig eines Oszillators verglichen werden, z.B. mit der Ziehverstimmung eines Quarzoszillators durch einen Schwingkreis. Der entsprechende Zusammenhang im Falle des Masers lautet [2]:

$$(\omega - \omega_o) \approx \frac{Q_c}{Q_l}(\omega_c - \omega_o) \qquad (1)$$

ω = Kreisfrequenz der erzeugten Schwingung

ω_o = Kreisfrequenz der Spektrallinie
ω_c = Resonanzkreisfrequenz des Hohlraumresonators
Q_c = Gütefaktor des Hohlraumresonators
Q_l = Gütefaktor der Spektrallinie

Ein Minimum von Q_c von ca. 10^4 ist notwendig, damit der Oszillator bei gegebener Strahlintensität überhaupt anschwingt. Q_l dagegen wird im wesentlichen durch die Wechselwirkungszeit der Moleküle mit dem HF-Feld, also durch die Länge des Hohlraumresonators gegeben. Es liegt i.A. in der Größenordnung von 10^7. Verstimmt man also den Resonator um 10^{-5} so ändert die Frequenz um 10^{-8}. Eine Stabilisierung der Temperatur des Resonators genügt erfahrungsgemäß nicht, weil die Temperatur schwierig zu definieren und zu reproduzieren ist und man damit andere Verstimmungseinflüsse (z.B. Rückwirkung des an der Auskopplung angeschlossenen Meßsystems) nicht erfassen kann. Die Arbeiten von Bonanomi, Herrmann und De Prins [3, 4, 5, 7] haben zur Entwicklung einer Reihe von Abstimmkriterien geführt, die durch die Eigenschaften der Spektrallinie gegeben sind. Sie gestatten den Einfluß des Hohlraumresonators auf die Frequenz weitgehend auszuschalten. Die beste Reproduzierbarkeit erhält man mit den beiden folgenden Methoden:

Frequenzsprungmethode [3]: Der Hohlraumresonator schwingt auf einem Mode, der in axialer Richtung zwei oder mehr Feldmaxima besitzt. Dies bewirkt, daß der Oszillator je nach der Verstimmung des Resonators nach oben oder nach unten auf zwei verschiedenen Frequenzen schwingen kann. Beim Durchlaufen der richtigen Abstimmung springt die Frequenz von einem Wert auf den andern. Der Mittelwert der beiden Sprungfrequenzen ist für die 3,3-Inversionslinie (Rotationsquantenzahlen J = 3, K = 3) des $N^{14}H_3$ auf $\pm 1 \cdot 10^{-10}$ genau reproduzierbar (ν_o = 23870,129 MHz).

Zeemanneffekt: Gemäß einem Vorschlag von Shimoda [6] kann die Verstimmung des Hohlraumresonators gegenüber der NH_3-Resonanzfrequenz bestimmt werden, indem man durch Anlegen eines Magnetfeldes eine Verbreiterung der Spektrallinie durch Zeemann-Effekt bewirkt. Damit ändert sich Q_l und gemäß Gl. (1) auch ω, falls ($\omega_c - \omega_o$) $\neq$ 0 ist. Nur im Falle der richtigen Abstimmung des Resonators verschwindet der Effekt. Dieses sehr einfache Kriterium versagt leider bei der 3,3-Inversionslinie des $N^{14}H_3$ (s. unten); für die von C.H. Townes [8] vorgeschlagene 3,2-Linie des $N^{14}H_3$ (ν_o = 22834,185 MHz) und für die 3,3-Linie des Isotop-Ammoniaks $N^{15}H_3$ (ν_o = 22789,422 MHz) liefert es eine Reproduzierbarkeit von mindestens einigen 10^{-11} [9].

b) Änderung der Spannung am Fokussiersystem

Der Hauptnachteil der bisher allgemein verwendeten 3,3-Linie des $N^{14}H_3$ ist ihre komplizierte Struktur, die durch eine Quadrupol-Wechselwirkung erzeugt wird [9]. Die Linie ist aus 3 Hauptkomponenten zusammengesetzt, für welche der Wirkungsgrad des Fokussierfeldes nicht genau der gleiche ist. Daher ergibt sich eine Abhängigkeit der Frequenz ω von der Spannung an den Fokussierelektroden, die für eine Änderung von 10 % etwa $7 \cdot 10^{-10}$ beträgt. Diese Aufspaltung bewirkt ebenfalls das erwähnte Versagen des Zeemann-Effekt-Kriteriums. Bei der 3,2-Linie des $N^{14}H_3$, fehlt diese störende Aufspaltung und der Einfluß ist etwa zehnmal kleiner. Die 3,2-Linie ist aber bedeutend schwächer (es befinden sich viel weniger Moleküle in den entsprechenden Zuständen), auch ist hier der Wirkungsgrad des Fokussiersystems geringer, so daß eine etwa 150-fache Intensität des Strahles nötig ist, damit der Maser schwingt. Die hohe Intensität bewirkt eine Verbreiterung der Spektrallinie.

Ebenfalls auf einem Vorschlag von Townes [8] beruht die Verwendung von $N^{15}H_3$, in welchem das Isotop N^{14} durch N^{15} ersetzt wurde. In solchem Ammoniak ist die 3,3-Linie nicht aufgespalten, so daß hier die Abhängigkeit der Frequenz von der Fokussierspannung ebenso gering ist wie bei der 3,2-Linie von $N^{14}H_3$ und andererseits mit einer der 3,3-Linie entsprechenden Strahlintensität gearbeitet werden kann.

Dafür ist aber das Isotop N^{15} selten, das Ammoniak $N^{15}H_3$ daher teuer (ca. 1800.- DM/Gramm), so daß in einem geschlossenen Kreislauf gearbeitet werden muß.

c) Änderung der Intensität des Molekülstrahls

Auch hier zeigt sich der Vorteil der Verwendung von $N^{15}H_3$, indem der Effekt bei genauer Abstimmung des Hohlraumresonators praktisch verschwindet, während er bei $N^{14}H_3$ (3,3-Linie) für 10 % Erhöhung der Strahlintensität etwa $2 \cdot 10^{-10}$ beträgt.

Die Änderungen der Fokussierspannung und der Strahlintensität beeinflussen sowohl die geometrische Form des Strahles als auch die Geschwindigkeitsverteilung, womit der Einfluß auf die Frequenz wenigstens qualitativ erklärt werden kann.

Die bisherigen Messungen haben gezeigt, daß die Genauigkeit, mit der die Frequenz eines $N^{15}H_3$-Masers unter konstanten Versuchsbedingungen reproduziert werden kann, besser als $\pm 5 \cdot 10^{-11}$ ist [9].

2. Der Caesium-Strahl-Resonator [10, 11]

Die Wirkungsweise zeigt Bild 3. Man verwendet hier ebenfalls einen Atomstrahl im Hochvakuum; wobei aber zur Zerlegung des Strahles nach Energieniveaus anstatt des Stark-Effekts der Zeemann-Effekt ausgenützt wird. Der Strahl durchläuft auf seinem Wege zuerst einen ersten Magnetspalt mit inhomogenem Feld mit transversalem Gradienten und wird dadurch in zwei den beiden Energiezuständen entsprechende Komponenten zerlegt. Darauf gelangen die Atome längs eines möglichst langen Weges mit einem Mikrowellenfeld in Wechselwirkung [12], wobei gleichzeitig ein schwaches, aber sehr konstantes und homogenes Magnetfeld angelegt wird, um die einzelnen Zeemann-Komponenten zu trennen (Bild 4). Man interessiert sich nämlich nur für die eine Komponente (m = o, Δm = o), deren Frequenz nur vom Quadrat des angelegten Magnetfeldes abhängt. Nach Durchlaufen der Wechselwirkungszone passieren die Atome einen zweiten Magneten, der diejenigen Atome, welche ihren Zustand geändert haben, auf einen Detektor lenkt. Die Anzahl der Übergänge wird natürlich am größten, wenn die Frequenz des anregenden Signals mit der Resonanzfrequenz der Atome übereinstimmt. Dann ist auch die Anzeige des Detektors maximal.

Beim Cs-Resonator handelt es sich also um ein passives System, das von außen mit der richtigen Frequenz (ν_o = 9192,631 MHz) angeregt, eine Maximum-Anzeige liefert. Mit einer elektronischen Frequenzregelung des anregenden Oszillators läßt sich aber ebenfalls ein aktiver Normalfrequenzgenerator darstellen. Wie beim

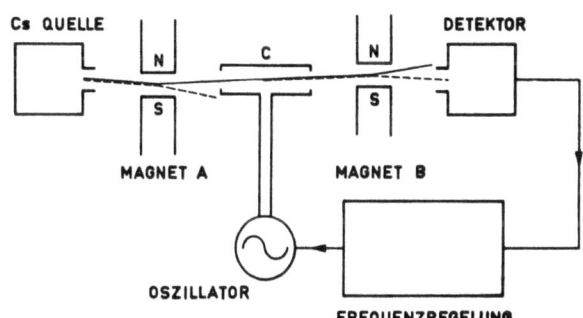

Bild 3: Prinzip eines Caesium-Strahl-Resonators (vereinfacht)

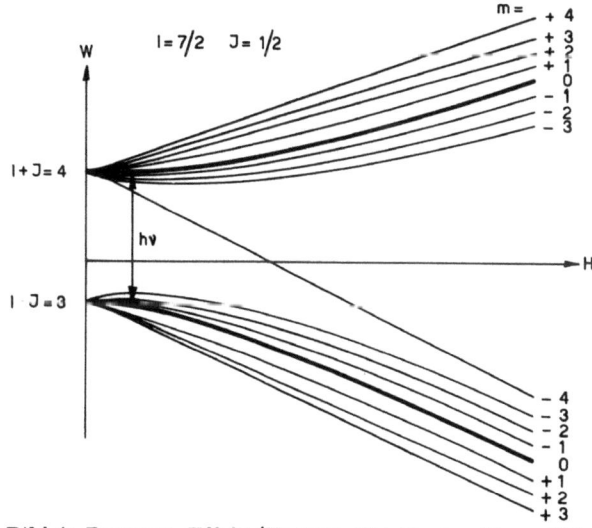

Bild 4: Zeemann-Effekt (Energie W i.F. des Magnetfeldes H) beim Caesium (Hyperfeinstrukturniveaus, I = 7/2, J = 1/2)

Ammoniak-Maser ist es auch hier wesentlich, daß äußere Einflüsse durch Abstimmkriterien ausgeschaltet werden.

Die Eichung des in der Wechselwirkungszone angelegten Magnetfeldes erfolgt durch die Ausmessung der linear von der Frequenz abhängigen Zeemann-Komponenten.

Die Abstimmung des Hohlraumresonators hat auf die Resonanzfrequenz einen bedeutend geringeren Einfluß als beim Ammoniak-Maser. Als Abstimmkriterium genügt es, die Einstellung so vorzunehmen, daß die beobachtete Resonanzlinie symmetrisch wird. Die Breite der Resonanzlinie ist durch die Länge der Wechselwirkungszone gegeben. Sie beträgt bei gegenwärtig in Betrieb stehenden Apparaturen [13] ca. 1 Meter. Für den Cs-Resonator im L.S.R.H. in Neuenburg wurde eine Halbwertsbreite der Resonanzlinie von 170 Hz gemessen, was einem Q von $5,5 \cdot 10^7$ entspricht[*]) Nach den bisherigen Vergleichsmessungen mit dem $N^{15}H_3$-Maser läßt sich die Frequenz ebenfalls auf einige 10^{-11} genau reproduzieren. Um die Vor- und Nachteile der beiden Systeme $N^{15}H_3$-Maser und Cs-Resonator gegeneinander abwägen zu können, ist es nötig, Vergleichsmessungen über längere Zeit anzustellen. Gegenwärtig erscheinen beide sowohl bezüglich Konstanz als auch Reproduzierbarkeit ungefähr gleichwertig [9, 13].

3. Gaszellen

Die bisher beschriebenen atomaren Frequenznormale benützen einen Teilchenstrahl zur Verringerung der durch Dopplereffekt und Kollisionen verursachten Verbreiterung der Spektrallinien.

In den letzten Jahren wurde von Kastler [14] und Dicke [15] eine andere Methode vorgeschlagen, mit der man ebenfalls scharfe Resonanzen erzeugen kann: die sogenannten Gaszellen [17, 18, 19]. Alkalimetallatome (in den gegenwärtig in Entwicklung befindlichen Systemen wird Rubidium 87 verwendet) befinden sich unter geringem Partialdruck in einer Edelgasatmosphäre ("Puffergas") [15]. Kollisionen zwischen Rb-Atomen und den Puffergasmolekülen lassen den Energiezustand der Atome in den meisten Fällen unbeeinflußt. Andererseits ist der Dopplereffekt sehr klein, da die dafür maßgebende Diffusionsgeschwindigkeit klein ist.

Durch Einstrahlung geeigneter Lichtquanten wird die Besetzung der Energieniveaus so verändert (Optisches Pumpen) [14], daß bei gleichzeitiger Einwirkung von Mikrowellen entweder Emission oder Absorption von Licht erfolgt, je nachdem welche Zustände angereichert wurden.

So kann die Resonanz auf photoelektrischem Wege detektiert werden. Es sind dabei Q-Werte erreicht worden, die größer als 10^8 sind. Der grosse Vorteil der Gaszellen-Frequenznormale gegen-

---
[*]) Seit 1960 ist in Neuenburg ein Cs-Resonator im Betrieb, dessen Wechselwirkungslänge 4 m und dessen Linienbreite 25 Hz beträgt [26].

über den Strahl-Apparaten liegt in der Einfachkeit des Aufbaus (kein Hochvakuumsystem nötig). Ein wesentlicher Nachteil liegt aber darin, daß die Resonanzfrequenz durch die Wirkung des Puffergases um einen Betrag bis zu 10^{-6} gegen die ungestörte Resonanzfrequenz verschoben ist. Damit wird auch eine Druck- und Temperaturabhängigkeit der Frequenz eingeführt, die nur durch geeignete Zusammensetzung des Puffergases (Ne, He, H_2, H_2 und A, Kr, Xe) kompensiert werden kann [17]. Dabei stellt sich das Problem der langzeitigen Stabilität einer solchen Gasmischung (Verunreinigungen, Adsorption an den Wänden, etc.). Gegenwärtig sind die Atom- und Molekülstrahl-Apparate als primäre Frequenznormale den Gaszellen überlegen, diese haben aber dank ihrer relativen Einfachheit gute Aussichten, die Quarzuhren als sekundäre Frequenznormale zu ergänzen oder zu ersetzen. Es sind auch Arbeiten im Gange, Gaszellen-Apparate in Miniatur-Ausführung zur Anwendung in Erdsatelliten zu entwickeln.

4. Anwendungen

Die Arbeiten des LSRH in Neuenburg auf dem Gebiete der Atomuhren wurden in erster Linie unternommen, um in Zusammenarbeit mit dem Observatorium Neuenburg, das für die Schweiz den Zeitdienst betreibt, eine atomare Zeitskala zu definieren, die von den Bewegungen der Himmelskörper unabhängig ist. Um eine atomare Zeit zu erhalten, muß die Frequenz des atomaren Frequenznormals laufend integriert werden. Dies geschieht mit Hilfe von Quarzuhren, die in periodischen Abständen geeicht werden. Zwischen den einzelnen Eichpunkten wird linear interpoliert. Der dadurch eingeführte Fehler ist durch die unregelmäßige Alterung der Quarzuhr gegeben und beträgt bei den uns zur Verfügung stehenden Quarzuhren maximal $\pm 2 \sqrt{T}$ ms, wobei T in Jahren seit Beginn der Integration auszudrücken ist. Dazu kommt noch der durch die Ungenauigkeit der atomaren Normalfrequenz erzeugte Fehler von z.B. ± 3 ms/Jahr bei einer Konstanz von $\pm 1 \cdot 10^{-10}$.

Der seit Anfang 1957 bis zum heutigen Zeitpunkt durchgeführte Vergleich [21] zwischen der Zeitskala TA_1 von Neuenburg und der ebenfalls auf Atomuhren (Atomichrons der National Company, Boston; aufgestellt im U.S. Naval Research Lab. in Washington) bezogenen Zeitskala A_1 des U.S. Naval Observatory zeigt, daß die mittlere Zeitabweichung innerhalb $\pm 2,5$ msec geblieben ist (Bild 5). Wenn man bedenkt, daß die Streuung der einzelnen Meßpunkte mindestens zum Teil von der Radioübertragung der Zeitsignale herrühren kann, so darf angenommen werden, daß die systematische Änderung der beiden atomaren Normalfrequenzen gegeneinander für diesen Zeitraum kleiner als 10^{-10} geblieben ist.

Die offizielle, von der Int. Astronomischen Union im Jahre 1952 angenommene Definition der Sekunde beruht auf der sog. Ephemeridenzeit, die nicht durch die Umdrehung der Erde um ihre

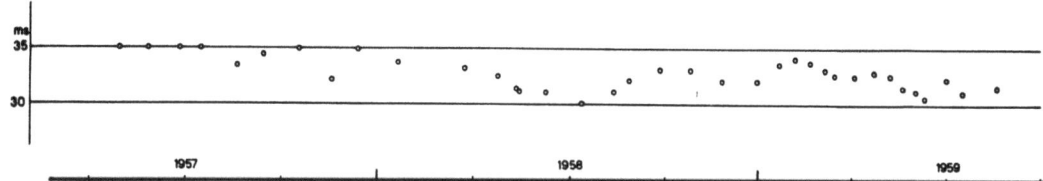

Bild 5: Zeitdifferenz zwischen den atomaren Zeitskalen TA1 (Neuenburg, Schweiz) und A1 (Washington D.C., USA) für die Jahre 1957-1958

eigene Achse, sondern im Prinzip durch den Umlauf der Erde um die Sonne gegeben ist. In der Praxis wird die Ephemeridenzeit durch Beobachtung der Bewegung des Mondes gegenüber den Sternen mit Hilfe der Markowitz schen Mondkamera [22] bestimmt. Die Genauigkeit dieser Methode ist aber beschränkt (Fehler etwa 0,1 sec), weil einerseits die Bewegung des Mondes gegenüber den Sternen langsam ist und es andererseits nicht leicht ist, die Position des Mondes wegen der Unregelmäßigkeit seiner Konturen genau zu bestimmen. Daher läßt sich einsehen, daß mit Beobachtungen, die sich über einige Jahre erstrecken, eine auf die Ephemeridenzeit bezogene Frequenz bestenfalls auf einige 10^{-9} genau definiert werden kann. Diese Arbeiten wurden für die Resonanzfrequenz des Caesiums von W. Markowitz und R.G. Hall (U.S. Naval Observatory, Washington D.C.) in Zusammenarbeit mit L. Essen und J.V.L. Parry (National Physical Laboratory, Teddington, England) durchgeführt [23] und ergaben für die Resonanzfrequenz des Caesiums, bezogen auf die Ephemeridenzeit, den Wert:

9 192 631 770 ± 20 Hz,

wobei die Unsicherheit von ± 20 Hz aus den obenerwähnten Gründen auftritt. Die Frequenz des $N^{15}H_3$-Masers des L.S.R.H. in Neuenburg, bezogen auf den oben angegebenen Wert, wurde zu

22 789 421 730 Hz

bestimmt [9].

Für die physikalische Zeitmessung genügt es, die oben erhaltenen Zahlenwerte als vorläufige Konvention festzulegen. Man hat damit eine physikalische Zeit- und Frequenzeinheit definiert, die den Vorteil hat, jederzeit mit der durch den Stand der Technik gegebenen Genauigkeit zur Verfügung zu stehen. Die Untersuchung der Erdrotation mit Hilfe der Atomuhren ergab eine bessere Kenntnis der jahreszeitlichen Schwankungen der Rotationsgeschwindigkeit. Es zeigte sich dabei, daß sich die Periode der jahreszeitlichen Schwankungen von Jahr zu Jahr ändern kann [21].

Eine weitere Anwendung, an deren Verwirklichung besonders in den Vereinigten Staaten intensiv gearbeitet wird, ist der Einbau einer Atomuhr in einen Erdsatelliten. Damit möchte man die von der allgemeinen Relativitätstheorie vorausgesagten Gangänderungen [24] unter dem Einfluß des veränderten Gravitationspotentials bestimmen und hofft damit, diese Theorie experimentell genauer nachzuprüfen, als dies bisher möglich war.

Auch auf dem Gebiete der Navigation dürften Atomuhren ein Anwendungsgebiet finden, sobald einmal betriebssichere transportable Anlagen entwickelt sein werden. Eine Reihe von Funkmeßverfahren [1] können mit erhöhter Frequenzgenauigkeit noch verbessert werden, so daß ihre Genauigkeit bis an die durch die Ausbreitungserscheinungen der Wellen gegebene Grenze getrieben werden kann.

Schrifttum

[1] H. Awender: Radio-Mentor 23 (1957) S. 675 u. 734
[2] J.P. Gordon, H.J. Zeiger und C.H. Townes: Phys. Rev. 99 (1955), S. 1264
[3] J. Bonanomi, J. De Prins, J. Herrmann und P. Kartaschoff: Helv. Phys. Acta 30 (1957), S. 288
[4] J. Bonanomi, J. DePrins, H. Herrmann und P. Kartaschoff: Helv. Phys. Acta 30 (1957), S. 492
[5] J. Bonanomi, J. DePrins, J. Herrmann und P. Kartaschoff: Helv. Phys. Acta 31 (1958), S. 285
[6] K. Shimoda, T.C. Wang und C.H. Townes: Phys. Rev. 102 (1956), S. 1308
[7] J. Bonanomi, J. De Prins, J. Herrmann und P. Kartaschoff: Rev. Sci. Instr. 28 (1957), S. 879
[8] C.H. Townes: Priv. Mitteilung (1956)
[9] J. DePrins, J. Bonanomi und P. Kartaschoff: Vortrag Nr. 72 Ber. Int. Congr. f. Chronometrie, München (1959), (im Druck)
[10] J.R. Zacharias, J.G. Yates und R.D. Haun: Quart. Rep. Electronics MIT 30 (15.10.1954)
[11] L. Essen und J.V.L. Parry: Phil. Trans. Roy. Soc. London, Ser. A 250 (1957), S. 45
[12] N.F. Ramsey: Molecular Beams, Clarendon Press Oxford (1956)
[13] J. Bonanomi, J. DePrins und P. Kartaschoff: Vortrag Nr. 73, Ber. Int. Congr. f. Chronometrie, München (1959), (im Druck)
[14] A. Kastler: Journal Phys. et Radium 11 (1950), S. 255
[15] R.H. Dicke: Phys. Rev. 89 (1953), S. 472
[16] J.P. Wittke und R.H. Dicke: Phys. Rev. 96 (1954), S. 530 und Phys. Rev. 103 (1956), S. 620
[17] M. Arditi: Proc. 12th Annual Symp. on Freq. Control, Asbury Park N.J. (1958, S. 606
[18] A.G. Dehmelt: Proc. 12th Annual Symp. on Freq. Control, Asbury Park N.J. (1958), S. 577
[19] P.L. Bender, E.C. Beaty und A.R. Chi: Proc. 12th Annual Symp. on Freq. Control, Asbury Park N.J. (1958), S. 593
[20] J. DePrins und P. Kartaschoff: Techn. Mitt. Schweiz, PTT 37 (1959), S. 10
[21] J. DePrins und J.P. Blaser: Vortrag Nr. 7, Ber. Int. Congr. f. Chronometrie, München (1959), (im Druck)
[22] W. Markowitz: Astr. Journ. 59 (1954), S. 69
[23] W. Markowitz, R.G. Hall, L. Essen und J.V.L. Parry: Phys. Rev. Letters 1 (1958), S. 105
[24] C. Moeller: Nuovo Cimento, Suppl. Vol 6 (1957), S. 381
[25] J. Bonanomi: Techn. Mitt. Schweiz, PTT 37 (1959) S. 6
[26] P. Kartaschoff, J. Bonanomi u. J. De Prins: Proc. 14th Annual Symp. on Freq. Control, Ft. Monmouth N.J. (1960) (im Druck)

ANALOGIEN IN DER MESSTECHNIK FÜR AKUSTISCHE UND ELEKTRISCHE WELLEN GLEICHER WELLENLÄNGE *)

G. Kurtze, Göttingen

Mit 5 Bildern

Einleitung

Wenn man die akustische und die elektrische Meßtechnik zueinander in Beziehung setzen oder miteinander vergleichen will, dann kann man dabei von zwei Gesichtspunkten ausgehen: Man kann die Meßanordnungen und Verfahren miteinander vergleichen, die zu Messungen bei den gleichen Frequenzen benutzt werden oder man kann sich dafür interessieren, welche Übereinstimmungen bei Messungen mit Wellenlängen der gleichen Größenordnung bestehen. Daß im ersten Falle, also bei Messungen mit der gleichen Frequenz, in der Akustik wie in der Elektrik die gleichen elektrischen Geräte zur Erzeugung, Verstärkung, Anzeige, Auswertung usw. benutzt werden, ist nahezu selbstverständlich und bedarf kaum einer besonderen Erwähnung. Der mechanische Teil der akustischen Anordnung, also die Strecke zwischen den als Sender und als Empfänger dienenden elektromechanischen Wandlern, unterscheidet sich dagegen sehr stark von dem entsprechenden Teil der elektrischen Anordnung, so daß hier Analogiebetrachtungen kaum angestellt werden können. Wesentlich interessanter ist es jedoch, Vergleiche anzustellen, zwischen akustischen und elektrischen Meßanordnungen für Wellen gleicher Wellenlänge. Ausbreitung und Abstrahlung elektrischer und akustischer Wellen werden durch die gleiche Differentialgleichung mit vielfach sogar den gleichen Randbedingungen beschrieben, so daß eine weitgehende Übereinstimmung in den bei gleicher Wellenlänge benutzbaren Verfahren und Anordnungen zu erwarten ist.

Wir wollen unsere Betrachtungen auf der akustischen Seite zunächst auf schubspannungsfreie Medien beschränken. Es treten dann nur longitudinale Schallwellen auf und nur die eine der beiden Feldgrößen, die Schnelle, hat Vektorcharakter, während die andere, der Druck, ein Skalar ist. Gegenüber den transversalen elektrischen Wellen, die durch zwei Vektoren, die elektrische und magnetische Feldstärke, beschrieben werden, sind dann die Schallfelder im allgemeinen etwas weniger kompliziert als die elektrischen Felder. Dennoch sind manchmal die Analogien so groß, daß sogar identische Geräte für den gleichen Zweck für akustische und elektrische Wellen benutzt werden können.

Ein augenfälliges Beispiel für die Analogien in der Meßtechnik finden wir bei der Gegenüberstellung von Radar und Sonar. Dort wo eine Ortung und Entfernungsmessung mit elektrischen Wellen wegen zu hoher Absorption nicht mehr möglich ist, nämlich unter Wasser, werden die gleichen Aufgaben von Schallwellen übernommen. Nicht die Frequenz, sondern die Wellenlänge ist in beiden Fällen die entscheidende Größe, die durch die Größe der zu ortenden Objekte, sowie durch die Möglichkeiten zur Erzielung hoher Richtwirkung bei Sender und Empfänger festgelegt wird. So ist es nicht verwunderlich, daß sowohl bei Radar als auch bei Sonar zunächst Wellen von wenigen Zentimetern Wellenlänge verwendet wurden. Daß in neuerer Zeit das Bestreben dahin geht, bei Unterwasserschallortung Wellen größerer Wellenlänge zu verwenden, ist dadurch bedingt, daß für tiefere Frequenzen die Ausbreitungsbedingungen für Wasserschall günstiger sind.

Richtstrahler

Die Erwähnung von Radar und Sonar legt es nahe, zunächst die Analogien zwischen elektrischen und akustischen Strahlern zu diskutieren, insbesondere zwischen Strahlern und Empfängern hoher Richtwirkung. Hier muß ein wesentlicher Unterschied erwähnt werden: Es gibt in der Akustik Strahler nullter Ordnung, also Monopole, während der einfachste elektrische Strahler bekanntlich ein Dipol ist. Dieser Unterschied wird jedoch unbedeutend, wenn wir die Betrachtung der Richtcharakteristiken von Strahlern im elektrischen Fall auf die Richtcharakteristik in der Ebene senkrecht zur Dipolachse beschränken. Der Unterschied zwischen Monopol und Dipol wird dann durch den im einen Falle longitudinalen, im anderen Falle transversalen Charakter der Welle sozusagen kompensiert. Als Beispiel kann hier das Kardioid- oder Nierenmikrophon angeführt werden. Kombiniert man ein Druckmikrophon (Monopol) mit einem Schnellemikrophon (Dipol), so erhält man ein Mikrophon, dessen Empfindlichkeit nur in einer Richtung Null ist. Das elektrische Analogon, die Kombination von einer Dipol- (oder Rahmen-) antenne mit einer Stabantenne, ist dagegen eine Kombination von zwei Dipolen, deren Achsen senkrecht aufeinander stehen. Man erhält deshalb die gleiche Richtcharakteristik nur in einer Ebene, nicht im ganzen Raum. Für den Aufbau von Richtstrahlern in Form von Zeilen werden in der Akustik meist Dipolstrahler verwendet und es gelten dann genau die gleichen Gesichtspunkte wie in der Elektrik, auf die näher einzugehen sich in diesem Falle erübrigen dürfte.

Noch deutlicher ist die Analogie bei der Strahlbündelung durch Parabolspiegel, deren Durchmesser groß gegen die Wellenlänge ist. Selbstverständlich kann ein metallener Parabolspiegel für die Bündelung von Zentimeterwellen auch

---

*) Mitteilung aus dem III. Physikalischen Institut der Universität Göttingen. Verfasser jetzt bei der Grünzweig u. Hartmann A.G., Ludwigshafen/Rh.

für die Bündelung von akustischen Wellen gleicher Wellenlänge Verwendung finden. Zur Speisung von Parabolspiegelantennen verwendet man im allgemeinen kleine, im Brennpunkt angeordnete Kugelwellentrichter. Solche konischen oder rechteckigen Trichter können ebenfalls sowohl für akustische als auch für elektrische Wellen angewendet werden.

Für den in der Akustik oft verwendeten Exponentialtrichter gibt es allerdings kein elektrisches Analogon. Dazu ist zu bemerken, daß der Exponentialtrichter in erster Linie auch nicht der Erzielung von Richtwirkung sondern der Anpassung an das umgebende Medium dient. Das Nichtvorhandensein eines elektrischen Analogons erklärt sich dadurch, daß in diesem Falle, also bei einem Trichter, dessen Dimensionen nicht groß gegen die Wellenlänge sind, die unterschiedlichen Randbedingungen Bedeutung erlangen. Man muß bei diesen Betrachtungen im allgemeinen die elektrische Feldstärke mit dem Schalldruck, die magnetische Feldstärke mit der Schallschnelle in Parallele setzen, denn nur dann sind elektrische und akustische Impedanzen analog zueinander. Während nun die akustischen Trichter schallharte Wände haben, so daß der Druck unmittelbar an der Wand ein Maximum hat, sind die Wände des elektrischen Trichters leitend, was dazu führt, daß die zur Wand parallele Komponente des elektrischen Feldes verschwindet. Dies bedeutet mit anderen Worten, daß man die Reflexion einer elektrischen Welle an einer leitenden Metallplatte mit der Reflexion einer Schallwelle an einer schallweichen Begrenzung vergleichen muß. Die am häufigsten auftretenden Randbedingungen, nämlich die leitende Wand auf der einen, die harte auf der anderen Seite, sind also nicht analog zueinander. Diese Tatsache ist für die Analogien zwischen den in der Hochfrequenztechnik und der Akustik gebräuchlichen oder möglichen Leitungen von Bedeutung, und wir werden später darauf zurückkommen.

Zur Strahlbündelung werden in der Höchstfrequenztechnik außer den Parabolspiegeln auch Linsen verwendet. Solche Linsen können zum Beispiel aus Hohlleiterelementen aufgebaut sein. In diesem Falle entspricht, da die Phasengeschwindigkeit im Hohlleiter größer ist als im freien Raum, eine konkave Linse in der Mikrowellentechnik einer konvexen Linse in der Optik, d.h. sie wirkt als Sammellinse. Die zweite Möglichkeit, Linsen aufzubauen, ist die, natürliche oder künstliche Dielektrika zu verwenden. Da in diesen Dielektrika wie in den Linsen der Optik die Phasengeschwindigkeit kleiner ist als im freien Raum, hat eine konvexe Linse die Wirkung einer optischen Sammellinse. Bild 1, das einer von W. Kock bei den Bell Telephone Laboratories ausgeführten Arbeit entnommen ist, zeigt eine solche aus einem künstlichen Dielektrikum bestehende Sammellinse. Das künstliche Dielektrikum besteht in diesem Falle aus einer großen Anzahl kleiner leitender Kreisscheibchen, die als Halbwellenlängen-Dipole wirken. Wie im Falle des Parabolspiegels läßt sich auch hier das gleiche Gerät für elektrische und akustische

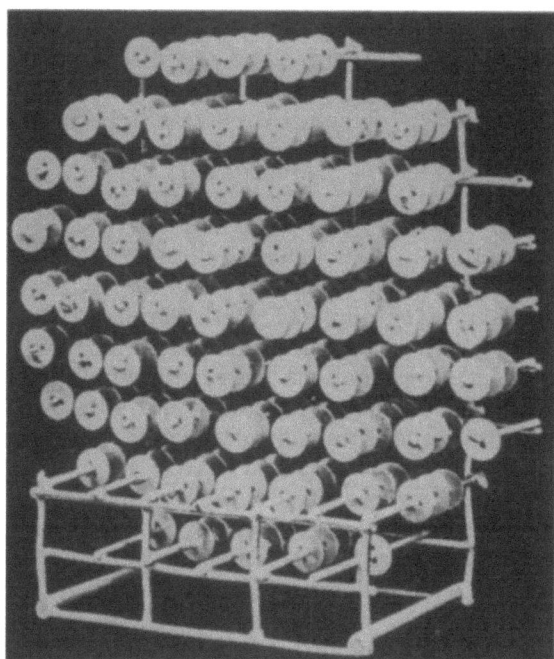

Bild 1: Sammellinse für elektrische und akustische Wellen (nach W.E. Kock, Acustica 9 (1959), S. 227)

Wellen anwenden. Allerdings stellen bei der akustischen Anwendung die kleinen Scheibchen keine Dipole dar, sondern sie sorgen vielmehr lediglich dafür, daß der Schall Umwege machen muß und daß dadurch eine verringerte Phasengeschwindigkeit in Ausbreitungsrichtung zustandekommt.

Ähnliche Analogien wie bei den flächenhaft ausgedehnten Richtstrahlern in Elektrik und Akustik existieren auch bei den linear, d.h. in Fortpflanzungsrichtung ausgedehnten Richtantennen. So haben wir z.B. die Analogie zwischen der Langdraht- oder Beverage-Antenne und dem Rohrrichtmikrophon, dessen Prinzip bereits von Lord Rayleigh angegeben wurde. In beiden Fällen handelt es sich um eine Leitung, deren Phasengeschwindigkeit der des freien Raumes annähernd gleich ist und die am Ende mit dem Wellenwiderstand abgeschlossen ist, so daß fortschreitende Wellen auftreten. Im elektrischen Fall ist diese Leitung ein einfacher gerader Draht, während sie im akustischen Fall durch ein der Länge nach geschlitztes Rohr gegeben ist. Der in Bild 2 dargestellte Stielstrahler (ebenfalls einer Arbeit von Kock entnommen), der sich von den vorhergenannten Strahlern nur dadurch unterscheidet, daß die Phasengeschwindigkeit längs des strahlenden Drahtes etwas kleiner ist als die Phasengeschwindigkeit im freien Raum, kann wiederum in unveränderter Form sowohl für elek-

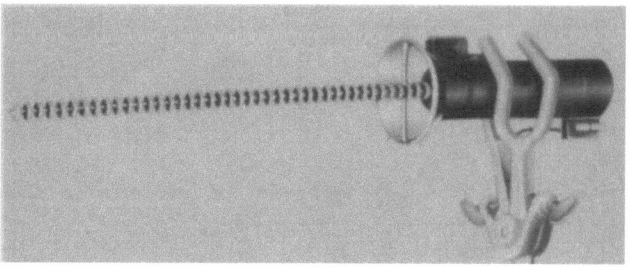

Bild 2: Stielstrahler für akustische und elektrische Wellen (nach W.E. Kock, Acustica 9 (1959), S. 227)

trische wie auch für akustische Wellen verwendet werden. Diese Beispiele, deren Zahl sich leicht noch weiter vermehren ließe, mögen genügen, um die Analogien zwischen Richtstrahlern in den beiden Gebieten aufzuzeigen.

Absorber

Zur Messung von Richtcharakteristiken benötigt man, sofern man nicht im Freien messen will, reflexionsfrei ausgekleidete Räume. Die zur Absorption der auf die Raumwände auftreffenden Wellen verwendeten Materialien sind im elektrischen Fall vorwiegend Materialien mit dielektrischen oder Ohmschen Verlusten, im akustischen Fall poröse Materialien, die durch ihren Strömungswiderstand wirksam sind oder für Wasserschall- Materialien mit Schubverlusten. Wegen der komplexen Eingangsimpedanz der Absorptionsmaterialien tritt notgedrungen an der Grenzfläche eine Reflexion auf. Sollen die Absorber breitbandig wirksam sein, so wendet man zur Unterdrückung dieser Reflexion sowohl in der Elektrik als auch in der Akustik das Prinzip des allmählichen Überganges an. Diesen allmählichen Übergang kann man entweder dadurch erzielen, daß man das Material aus vielen Schichten mit zur Wand hin zunehmendem Verlustfaktor aufbaut, oder dadurch, daß man die reflektierende Oberfläche auflöst, d.h. das Material z.B. in Keilstruktur anordnet. Beide Methoden werden in beiden Gebieten angewendet. Breitbandige Absorber dieser Art haben den Nachteil, daß die erforderlichen Schichtdicken recht groß sind, zuweilen sogar mehrere Wellenlängen betragen müssen. Interessanterweise ergibt sich hier in beiden Fällen eine theoretisch bislang nicht näher begründete, aber offenbar allgemein gültige Gesetzmäßigkeit, wonach die Mindestdicke einer breitbandig absorbierenden Schicht etwa eine halbe Wellenlänge bei der unteren Grenzfrequenz betragen muß.

Mit kleineren Schichtdicken kommt man aus, wenn man Resonanzabsorber verwendet. So kann man z.B. eine senkrecht auf eine Metallplatte auffallende elektrische Welle dadurch vollständig absorbieren, daß man in 1/4 Wellenlänge Abstand vor der Metallplatte eine Widerstandsfolie mit einem Flächenwiderstand von 377 Ohm anordnet (siehe Bild 3). Die in dieser Ebene gemessene Impedanz ist unendlich solange die Folie nicht vorhanden ist und kann im Ersatzschaltbild durch einen Parallelresonanzkreis dargestellt werden. Die Folie wirkt wie ein dazu parallel geschalteter Widerstand von 377 Ohm, so daß die Eingangsimpedanz gleich dem Wellenwiderstand des Raumes ist. Das akustische Analogon dazu ist eine poröse Membran mit einem Strömungswiderstand von 42 mech. Ohm in 1/4 Wellenlänge Abstand vor einer harten ebenen Fläche. Die in der Ebene der starren Membran gemessene Impedanz ist Null. Wenn wir bei der Analogie zwischen elektrischem Feld und Schalldruck, Magnetfeld und Schnelle, bleiben, sieht das elektrische Ersatzschaltbild daher insofern etwas anders aus, als wir den Widerstand von 42 Ohm in Serie mit einem Serienresonanzkreis schalten müssen. Trotzdem sind beide Anordnungen äußerlich sehr ähnlich. Das liegt daran, daß im elektrischen Falle das elektrische Feld und im akustischen Falle nicht der dazu analoge Druck, sondern die Schallschnelle die Größe ist, die durch den Widerstand beeinflußt wird.

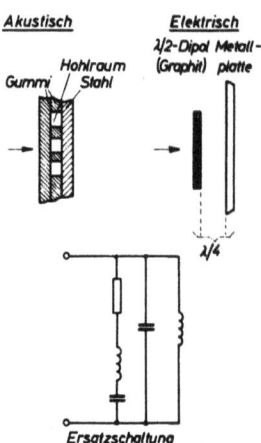

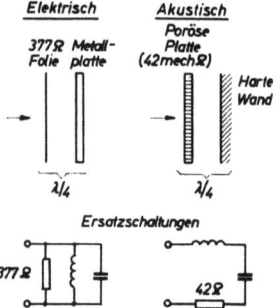

Bild 3: Elektrischer und akustischer $\lambda/4$-Absorber

Bild 4: Akustischer und elektrischer Zweikreisabsorber

Daß solche Analogiebetrachtungen nicht nur heuristischen, sondern auch praktischen Wert haben können, zeigte sich bei der Entwicklung elektromagnetischer Absorber in den letzten Jahren im III. Phys. Institut in Göttingen. Als Gegenmaßnahme gegen Wasserschallortung wurden während des Krieges breitbandige Absorber entwickelt, mit denen die Rümpfe von Unterseebooten bekleidet wurden. Diese Breitbandabsorber, sog. Zweikreisabsorber, sind in Bild 4 schematisch dargestellt. Es handelt sich dabei um eine mit Hohlräumen versehene Schicht aus verlustbehaftetem Gummi, die auf die metallene Schiffswandung aufgeklebt wurde. Im elektrischen Ersatzschaltbild läßt sich diese Gummischicht durch einen Serienresonanzkreis darstellen, mit dem ein Widerstand, in diesem Fall von der Größe des Wellenwiderstandes des Wassers, in Serie geschaltet ist. Die Metallplatte selbst wirkt durch ihre endliche Dicke wie ein Parallelresonanzkreis, der zu dem genannten Serienkreis parallel geschaltet ist. Die Eingangsimpedanz einer solchen Anordnung ist in Resonanz ausschließlich durch den ohmschen Widerstand bestimmt. Ausserhalb der Resonanz kommen die Blindanteile der beiden Resonanzkreise hinzu, die sich jedoch weitgehend kompensieren, so daß der Absorber in einem relativ großen Frequenzbereich wirksam ist.

In völliger Analogie dazu wurden nun Absorber für elektromagnetische Wellen entwickelt, die aus einem regelmäßigen Gitter von verlustbehafteten elektrischen Dipolen besteht, das in einem Abstand von 1/4 Wellenlänge vor einer ebenen Metallplatte angeordnet ist. Das Ersatzschaltbild dieser elektrischen Anordnung ist genau das gleiche wie das der akustischen Anordnung und es konnten auch hier wirksame Bandbreiten von etwa einer Oktave erzielt werden. Diese und andere Absorbertypen können natürlich sowohl zur reflexionsfreien Bekleidung von Raumwänden als auch zum reflexionsfreien Leitungsabschluß Verwendung finden, wobei lediglich die Widerstände an die entsprechenden Wellenwiderstände der Leitungen angepaßt werden müssen.

Abgestrahlte Leistung

Neben der Messung der Richtcharakteristik von Strahlern aller Art ist die Messung der gesamten abgestrahlten Leistung von Bedeutung. In der Akustik mißt man die abgestrahlte Leistung dadurch, daß man den Strahler in einen Hallraum bringt, d.h. in einen Raum mit möglichst stark reflektierenden Wänden und dann in diesem Raum die Energiedichte mißt, aus der sich die Leistung des Strahlers errechnen läßt. Die Messung der abgestrahlten Leistung von elektrischen Antennen bildet im allgemeinen insofern kein Problem, als die Ohmschen Verluste in der Antenne selbst gering sind, so daß man die Leistung aus dem Realteil der Eingangsimpedanz errechnen kann. Das gilt jedoch nicht mehr ohne weiteres für Antennen mit sog. Überrichtwirkung, in denen sehr hohe Blindströme fliessen. In diesem Fall kann man, wie das jetzt in Göttingen beabsichtigt ist, die abgestrahlte Leistung auf genau die gleiche Weise messen wie in der Akustik, indem man einen elektrischen Hallraum, d.h. einen mit gut leitenden Metallfolien ausgekleideten Raum verwendet und in diesem die Energiedichte mißt, die von der strahlenden Antenne erzeugt wird. Die Rückwirkung des Raumes auf die Antenne wird bei hinreichend diffusem Feld vernachlässigbar klein.

Leitungen

Wenn wir nun von den Strahlern zu den Leitungen übergehen, so finden wir, daß zumindest unter gewissen Einschränkungen zu jedem elektrischen Wellenleiter ein akustisches Analogon von mehr oder minder großer praktischer Bedeutung existiert. Im Falle der Eindrahtleitung hatten wir das bereits eingangs an Hand des Stielstrahlers gesehen. Dem elektrischen Hohlrohr entspricht eine allseitig schallweich begrenzte Flüssigkeitssäule. Da der Schalldruck ein Skalar ist, ist die Zahl der möglichen Schwingungsformen allerdings nur halb so groß, da der Unterschied zwischen TE- und TM-Wellen entfällt. Außerdem tritt aus dem gleichen Grunde die Grundwelle (etwa die TE_{10}-Welle des Rechteckhohlleiters) nicht auf, denn der Druck muß an allen Wandungen der Flüssigkeitssäule verschwinden. Die Hochpaßeigenschaft des Hohlrohres, wie auch die Dispersion der einzelnen Wellentypen, gelten in gleicher Weise in Akustik und Elektrik.

Das schallhart begrenzte Rohr ist mit einer Zweidraht- oder Koaxialleitung vergleichbar. Die ebene Welle hat keine untere Grenzfrequenz und es treten in beiden Fällen die gleichen Schwingungsformen höherer Ordnung auf. Was den transversalen Charakter der elektrischen Wellen anbelangt, so wäre vielleicht ein Vergleich mit Biegewellen auf einem Stab, einer Biegewellen-Meßleitung also, noch angebrachter, doch scheitern hier die Analogiebetrachtungen daran, daß Biegewellen einer Differentialgleichung vierter Ordnung gehorchen, so daß Phänomene auftreten, die kein elektrisches Analogon haben. Das gilt allgemeiner immer dann, wenn man vom Schall in schubspannungsfreien Medien zum Schall in festen Körpern übergeht. Dennoch haben sich auch in diesem Gebiet elektrotechnische Methoden zur Beschreibung und Berechnung von Schwingungsgebilden gut bewährt.

Die großen Ähnlichkeiten, die zwischen den verschiedenen Leitungstypen in Elektrik und Akustik bestehen, führen fast zwangsläufig zu einer weitgehenden Übereinstimmung auch in der Meßtechnik auf Leitungen. Die akustische "Meßleitung", das Impedanzrohr, gehört zu den wichtigsten Meßgeräten der Akustik. Das "Smith-Diagramm" zur Bestimmung von Impedanzen aus Welligkeit und Phasenlage der stehenden Welle ist ein wichtiges Hilfsmittel in beiden Gebieten und Leitungs- sowie Vierpoltheorie hätten für die Akustik erfunden werden müssen, hätte es sie in der Elektrik nicht schon gegeben.

Die Ähnlichkeit der Leitungen führt ferner auch zu weitgehender Übereinstimmung in den Anpassungshilfsmitteln. Nicht der "E-H-Tuner", der an den Vektorcharakter beider Feldgrößen gebunden ist, wohl aber z.B. Stichleitungen und Viertelwellenlängen-Transformatoren sind in beiden Gebieten anwendbar.

Daß man zur Messung der Wellenlänge auf akustischen und elektrischen Leitungen die gleichen Methoden anwendet, versteht sich fast von selbst. Das gleiche gilt aber auch für die landläufig als Frequenzmesser bezeichneten Vorrichtungen, die in Wirklichkeit auf Wellenlängenmessung basieren. Schon die äußere Ähnlichkeit zwischen einem Helmholtz-Resonator und einem elektrischen Hohlraumresonator zeigt deutlich genug, daß es sich hier um fast vollkommene Analogien handelt. Solche Resonatoren werden außerdem in beiden Gebieten auch als Filter angewendet. Der Zweck der Anwendung ist meist verschieden, aber es braucht kein prinzipieller Unterschied zwischen einem Oberwellenfilter im Hohlleiter und einem Motorradschalldämpfer zu bestehen.

Die oft sehr weitgehenden Analogien zwischen elektrischer und akustischer Meßtechnik an Wellen gleicher Wellenlänge haben immer wieder dazu verführt, Schaltungen oder Geräte von einem Gebiet auf das andere zu übertragen, auch wenn nicht unmittelbar ein praktischer Zweck damit verbunden war. So hat W. Kock den Faraday-Effekt, also die Drehung der elektrischen Polarisationsebene im Magnetfeld akustisch nachgebildet. Da die Schallwellen longitudinal sind, benutzte er Schwingungsformen höherer Ordnung in einem schallharten Rechteckrohr, bei denen transversale Schnelle auftritt. Die Drehung der Schwingungsebene erzielte er dadurch, daß er vom rechteckigen auf ein rundes Rohr überging und dieses mit hoher Drehzahl um seine Achse rotieren ließ (Bild 5). Der so entstandene akustische Gyrator läßt sich tatsächlich z.B. zu einer Einwegleitung ausbauen.

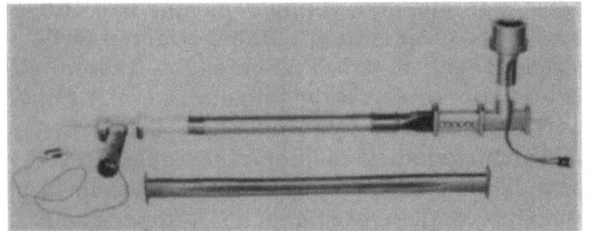

Bild 5: Akustischer Gyrator (nach W.E. Kock, Acustica 9 (1959), S. 227)

In Göttingen wird zur Zeit der Versuch gemacht, eine akustische Wanderwellenröhre zu bauen. Anstelle der Kopplung zwischen der verzögerten Welle auf dem Wendelleiter und dem Elektronenstrahl tritt in der Akustik die Kopplung zwischen einer verzögerten Schallwelle in einem geeigneten Rohr und einer in gleicher Richtung verlaufenden turbulenten Luftströmung. Angeregt wurde dieser Versuch dadurch, daß in schallgedämpften Kanälen bestimmter Art anstelle der erwarteten Dämpfung eine Verstärkung des Schalles auftrat, wenn eine Gleichströmung bestimmter Geschwindigkeit überlagert wurde. Hier schien der Mechanismus der Wanderwellenröhre die einzige plausible Erklärung zu liefern.

Von den vielen Analogien zwischen elektrischer und akustischer Meßtechnik konnte hier nur ein Teil eingehender besprochen werden. Es ist klar, daß zwei Gebiete, die auf der gleichen Wellengleichung aufgebaut sind, sehr viel Gemeinsames haben, insbesondere dann, wenn es sich auch noch um Wellen gleicher Wellenlänge handelt. Der Nutzen solcher Analogiebetrachtungen liegt vielfach darin, daß man sich die weiter entwickelten mathematischen Hilfsmittel des anderen Gebietes zunutze machen kann, wobei zwangsläufig die elektrische Meßtechnik in den meisten Fällen der gebende Teil sein wird. In anderen Fällen führen solche Betrachtungen aber auch auf neue, bisher ungenutzte meßtechnische Möglichkeiten, wie z.B. im Falle der elektromagnetischen Absorber oder der elektrischen Hallraummessung.

DAS REZIPROZITÄTS-THEOREM UND SEINE ANWENDUNG IN DER MESSTECHNIK

H. Mrass, Braunschweig

Mit 7 Bildern

Einführung

Reziprozitäts-Theoreme sind in der Physik seit etwa der Mitte des vorigen Jahrhunderts bekannt. Sie erscheinen in verschiedenen Formulierungen in der Mechanik, Elastomechanik, Akustik, Elektrodynamik und Optik sowie in der Theorie der Wärmeleitung. Zur Einführung sollen zwei Beispiele dienen. In der Elastomechanik stellte Maxwell im Jahre 1864 ein Gesetz auf, das wir uns an einem Spezialfall klar machen wollen. Gegeben ist ein einseitig eingespannter Balken (Bild 1), auf den im Punkte 1 senkrecht zu seiner

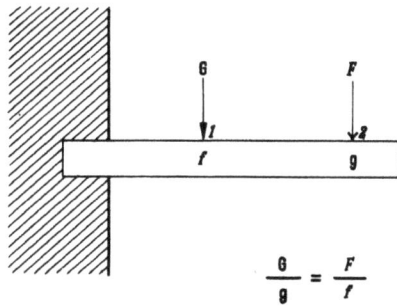

Bild 1: Das Maxwellsche Gesetz

Achse eine Kraft G wirkt. Sie ruft in einem Punkte 2 eine Durchbiegung g hervor. Wir entfernen nun G und lassen im Punkt 2 eine Kraft F wirken. Sie erzeugt in 1 eine Durchbiegung f. Dann besteht im Gültigkeitsbereich des Hookeschen Gesetzes die Beziehung:

$$\frac{G}{g} = \frac{F}{f}.$$

Von dieser Beziehung kann man z.B. Gebrauch machen, um die Durchbiegungsform einer Eisenbahnschiene oder eines Balkens zu bestimmen, wenn diese in einem Punkte 1 belastet sind. Während man dazu sonst mit dem Meßmikroskop von Stelle zu Stelle wandern müßte, ermöglicht es das Maxwellsche Gesetz, die Ableseeinrichtung an der Stelle 1 zu belassen und dafür die Last auf der Schiene oder dem Balken zu verschieben.

Einige Zeit vor Maxwell hatte Helmholtz im Jahre 1859 ein Gesetz abgeleitet, das folgendes besagt: Wenn in einem mit Luft gefüllten Raum der teils von endlich ausgedehnten festen Körpern begrenzt, teils unbegrenzt ist, an einer Stelle 1 eine punktförmige Schallquelle tönt, werde an einer Stelle 2 der Schalldruck p gemessen. Bringt man anschließend die Schallquelle an die Stelle 2, so mißt man an der Stelle 1 den gleichen Wert p für den Schalldruck, der bei der ersten Messung an der Stelle 2 herrschte. Diese Reziprozität zwischen Sende- und Empfangsstelle gilt trotz der im allgemeinen vorhandenen Beugungen, diffusen Reflexionen und Raumresonanzen. Auch ist der Unterschied der Phasen des erregenden und des erregten Punktes in beiden Fällen der gleiche. Diese Beziehung kann z.B. verwendet werden, um in einem großen Raum (Theater oder Vortragssaal) die Echostörungen zu untersuchen, die ein Schall hervorruft, der von einer bestimmten Stelle ausgeht. An Stelle des lästigen Transports des Schalldruckmessers und der Apparatur zur Aufnahme des Knalloszillogramms auf die verschiedenen Plätze und Emporen kann man die Meßeinrichtung am normalen Sendeort belassen und z.B. mit einer Knallpistole an den verschiedenen Hörerplätzen schiessen.

Das Theorem von Rayleigh-Carson

Sehr eingehend hat sich Lord Rayleigh mit Reziprozitäts-Theoremen befaßt. In seinem 1890 erschienenen Buch "Theory of Sound" findet sich das folgende in der Theorie der elektrischen Netzwerke oft angewandte Gesetz: Trennt man in einem linearen, passiven Netzwerk - das in beliebiger Weise aus Widerständen, Kondensatoren, Spulen und Transformatoren zusammengesetzt ist - zwei beliebige Zweige auf, und legt in den einen Zweig eine Spannungsquelle, in den anderen einen Strommesser, so mißt man den gleichen Strom nach Betrag und Phase auch dann, wenn Spannungsquelle und Strommesser miteinander vertauscht werden. Carson [1] zeigte im Jahre 1929, daß dieses Gesetz seine Gültigkeit behält, auch wenn man beliebige elektromagnetische Felder von Leitungen oder Antennen zuläßt. In dieser erweiterten Fassung lautet das Gesetz: Liegt an den Klemmen einer Antenne 1 ein Generator von der EMK E_1 (Bild 2) und mißt man an den Klemmen der Antenne 2 mit einem Strommesser einen Strom I_2, so erhält man den gleichen Strom nach Betrag und Phase an den Klemmen der Antenne 1, wenn Generator und Strommesser miteinander vertauscht werden. Hieraus folgt u.a. sofort die Gleichheit der Sende- und Empfangscharakteristik einer beliebigen Antenne. Antenne 1 werde mit der EMK E_1 erregt. Bei Drehung der Antenne 1 ändert sich entsprechend ihrer Sendecharakteristik der Empfangsstrom in Antenne 2. Nach dem Carsonschen Theorem ändert sich aber, wenn Antenne 2 mit der gleichen EMK erregt wird, in der gleichen Weise auch der Empfangsstrom der jetzt als Empfangsantenne wirkenden Antenne 1. Ebenso läßt sich in einfacher Weise aus dem genannten Theorem die Gleichheit der

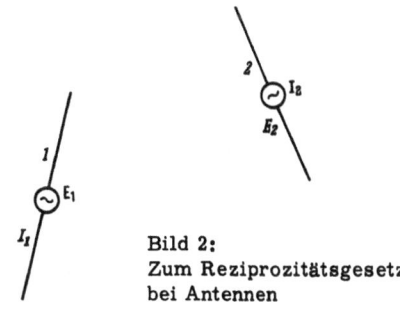

Bild 2:
Zum Reziprozitätsgesetz bei Antennen

effektiven Höhe und der Impedanz einer Antenne bei Sendung und Empfang ableiten. Diese Beziehungen zwischen den Sende- und Empfangseigenschaften von Antennen werden in der Hochfrequenzmeßtechnik sehr viel angewandt.

Anwendungen bei mechanisch-akustischen und elektro-mechanischen Vorgängen

In seinem Buch "Theory of Sound" behandelt Lord Rayleigh auch noch einige weitere Anwendungen des Reziprozitätsgesetzes. Insbesondere zeigt er, daß die Reziprozitätsbeziehungen auch bei mechanisch-akustischen und elektro-mechanischen Vorgängen gültig sind. Als Ausgangspunkt zur Erläuterung dieser Zusammenhänge möge zunächst wieder ein anschauliches Beispiel aus der Elastomechanik dienen. Gegeben sei ein einseitig eingespannter Balken. Im Punkte 1 wird zwangsweise eine periodische Durchbiegung $g_s \cos \omega t$ erzeugt (Bild 3). Um den Punkt 2 in Ruhe zu halten, wird eine periodische Kraft - eine Kompensationskraft - $G_e \cos(\omega t + \varphi)$ benötigt. Sie soll "Empfangskraft" genannt werden. In einem zweiten Falle wird umgekehrt eine periodische Durchbiegung $f_s \cos \omega t$ an der Stelle 2 erzeugt und es muß eine Kraft $F_e \cos(\omega t + \psi)$ aufgewandt werden, um den Punkt 1 festzuhalten.

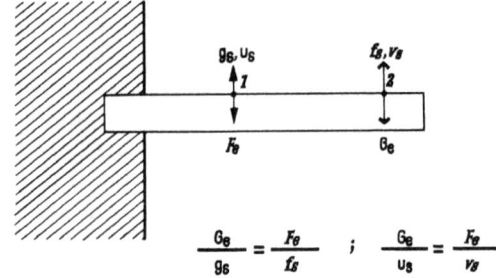

Bild 3: Das Reziprozitätsgesetz in der Elastomechanik

Dann gelten für die Amplituden und Phasen die Gleichungen:

(1) $\quad \dfrac{G_e}{g_s} = \dfrac{F_e}{f_s}$ und $\varphi = \psi$.

Werden die Ausschläge auf die Zeiteinheit bezogen, so gelten entsprechende Gleichungen für die Empfangskräfte und die Sendegeschwindigkeiten:

(1a) $\quad \dfrac{G_e}{u_s} = \dfrac{F_e}{v_s}$ und $\varphi = \psi$.

Diese Betrachtung werde auf ein mechanisch-akustisches Beispiel übertragen. Gegeben seien zwei Lautsprecher, von denen zunächst nur die mechanisch-akustischen Teile betrachtet werden (Bild 4). Wird die Membran 1 erregt und hat diese die Bewegungsamplitude g_s, so entsteht an der festgehaltenen (d.h. praktisch nur wenig bewegten) Membran 2 eine Kraft von der Amplitude G_e. Sendet in einem zweiten Fall der Lautsprecher 2 mit einer Bewegungsamplitude f_s seiner Membran, so greift an der festgehaltenen Membran 1 eine Kraft F_e an. Es gelten dann wieder die Gln.1 und 1a. Die Lautsprecher können hierbei verschiedene Richtcharakteristiken und Strahlungswiderstände besitzen und etwa vorhandene Wände brauchen nicht starr zu sein, sondern dürfen mitschwingen und nach Art poröser Wände Energie verzehren. Die Gleichheit der Phasendifferenz in beiden Fällen wird in den folgenden Beispielen nicht mehr besonders erwähnt.

Rayleigh zeigte, daß auch für die große Gruppe von elektro-mechanischen Systemen, die linear, passiv und reversibel arbeiten, ein Reziprozitätsgesetz besteht. Gegeben sei ein Ringspaltmagnet mit Tauchspule, an der eine Masse befestigt ist (Bild 5). Fließt durch die Tauchspule dieses reversiblen elektro-mechanischen Wandlers ein Strom I_s, "sendet" also der elektrische Teil, so ist unter g_s der Betrag derjenigen Elektrizitätsmenge zu verstehen, die durch irgendeinen Leiterquerschnitt hindurch periodisch hin- und herbewegt wird. G_e ist dann wieder die auf

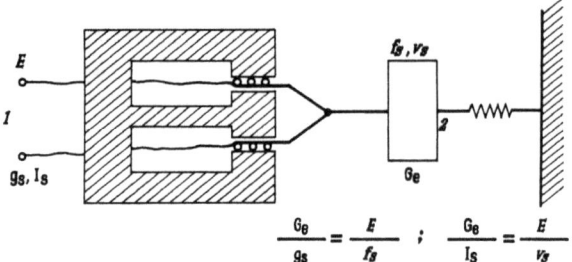

Bild 5: Das Reziprozitätsgesetz für elektromechanische Systeme

die Spule und die damit starr verbundene festgehaltene Masse ausgeübte mechanische Kraft. Sendet der mechanische Teil 2, d.h. wird die Masse zwangsweise mit der Amplitude f_s periodisch hin- und herbewegt, so ist unter der Empfangskraft F_e im elektrischen Teil diejenige Wechsel-EMK E zu verstehen, die das Fließen eines Stromes verhindert. Dann lautet das Rayleighsche Reziprozitätsgesetz:

(2) $\quad \dfrac{G_e}{g_s} = \dfrac{E}{f_s}$,

oder wenn die Verschiebungen auf die Zeiteinheit bezogen werden:

(2a) $\quad \dfrac{G_e}{I_s} = \dfrac{E}{v_s}$.

In diesen wie in den folgenden Gleichungen sind die elektrischen und die mechanischen Größen in kohärenten Einheiten einzusetzen.

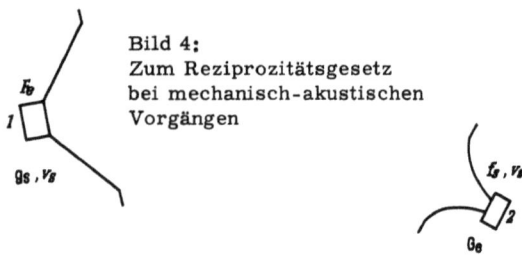

Bild 4:
Zum Reziprozitätsgesetz bei mechanisch-akustischen Vorgängen

Das Reziprozitäts-Theorem in der Elektroakustik

Für die Elektroakustik wurde das Reziprozitäts-Theorem zum ersten Male von Schottky im Jahre 1926 in seiner grundlegenden Arbeit "Das Gesetz des Tiefempfangs in der Akustik und Elektroakustik" [2] aufgestellt. Ersetzen wir bei unserem elektro-mechanischen Wandler die Masse durch eine dünne Membran, so erhalten wir einen "elektroakustischen" Wandler, der sowohl als Mikrophon wie als Lautsprecher, d.h. reversibel arbeiten kann (Bild 6). Fließt durch die Klemmen dieses Wandlers ein Strom I_s, so erzeugt er im Abstande r einen Schalldruck p^*. Das Verhältnis

$$L = \frac{p^*}{I_s}$$

ist der Lautsprecher-Übertragungsfaktor des Wandlers. Sein Wert hängt von der Entfernung r ab. Arbeitet der Wandler als Mikrophon und wird er in einem Schallfeld betönt, in welchem der Schalldruck p herrscht, so erzeugt er an seinen Klemmen eine EMK E. Das Verhältnis

$$M = \frac{E}{p}$$

ist der Mikrophon-Übertragungsfaktor des Wandlers. Schottky hat nun mit Hilfe der Rayleighschen Reziprozitäts-Theoreme für die große Gruppe elektroakustischer Wandler, die linear, passiv und reversibel arbeiten (z.B. kapazitive oder elektrodynamische Wandler) nachweisen können, daß zwischen den Sende- und Empfangseigenschaften eines jeden solchen Wandlers folgende Beziehung besteht:

(3) $\quad \frac{M}{L} = \frac{2r\lambda}{\rho c}$ $\quad \lambda$ Wellenlänge in Luft
$\quad \rho$ Luftdichte
$\quad c$ Schallgeschwindigkeit in Luft

Diese Beziehung, die völlig unabhängig von der speziellen Bauart des Wandlers ist, nennt Schottky "das Gesetz des Tiefempfangs", weil die tiefen Frequenzen beim Empfang gegenüber der Sendung als bevorzugt erscheinen. Zur Ableitung dieses Gesetzes denke man sich im Abstande r vom Wandler eine Kugel vom Radius a als Schallquelle, welche ihr Volumen periodisch so ändern kann, daß alle Teile ihrer Oberfläche mit gleicher Amplitude und Phase mit der Sendegeschwindigkeitsamplitude v_s schwingen (Bild 6).

Im Abstande r erzeugt diese "pulsierende Kugel" den Schalldruck

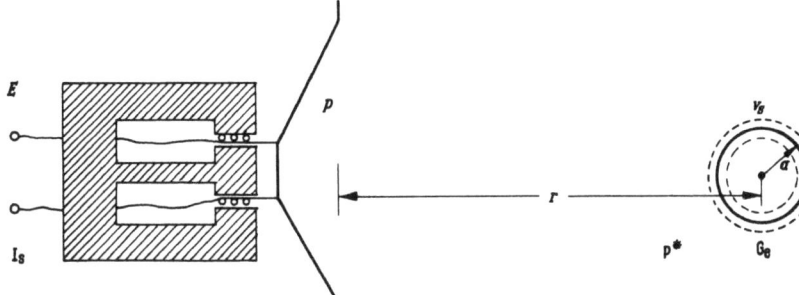

Bild 6: Zum Reziprozitätsgesetz in der Elektroakustik

$$(4) \quad p = \frac{4\pi a^2 \rho c}{2r\lambda} \cdot v_s \quad .$$

Bringt man in das Schallfeld der Kugel im Abstande r den - in diesem Fall als Mikrophon arbeitenden - Wandler ein, so erzeugt er eine EMK E. Nach Abschaltung der Erregung der Kugel wird der Wandler mit dem Strom I_s betrieben. Er erzeugt jetzt als Lautsprecher am Ort der Kugel den Schalldruck p^* und auf die ruhende Kugeloberfläche wird die Kraft $G_e = 4\pi a^2 p^*$ ausgeübt. Dabei ist vorausgesetzt, daß der Radius a der Kugel klein gegen die Wellenlänge ist. Nach Rayleigh - Schottky besteht die Reziprozitätsbeziehung

$$\frac{G_e}{I_s} = \frac{E}{v_s} \quad .$$

Setzt man für v_s den Wert aus Gl. 4 ein, so erhält man

$$\frac{4\pi a^2 p^*}{I_s} = \frac{E \cdot 4\pi a^2 \rho c}{p \cdot 2r\lambda} \quad \text{oder}$$

$$\frac{E/p}{p^*/I_s} = \frac{M}{L} = \frac{2r\lambda}{\rho c} \quad ,$$

also das Tiefempfangsgesetz.

Die Kalibrierung von Mikrophonen

Eine wichtige Anwendung findet das Tiefempfangsgesetz bei einer von Mc Lean [3] im Jahre 1940 angegebenen Methode zur Kalibrierung von Mikrophonen im freien Schallfeld. Dieses Verfahren ermöglicht es, lediglich durch elektrische Strom- und Spannungsmessungen den elektroakustischen Übertragungsfaktor von Mikrophonen im freien Schallfeld zu bestimmen. Es werden drei Wandler verwendet: eine Schallquelle S (Bild 7), ein reversibler Wandler W und das zu prüfende Mikrophon Pr, der Prüfling. Die in der Hochfrequenztechnik angewandte Methode zur experimentellen Bestimmung der effektiven Antennenhöhe mit drei Stationen ist diesem Verfahren der Mikrophonkalibrierung analog. Die Messung geschieht in drei Schritten, wobei die drei Wandler paarweise als Schallsender und Schallempfänger betrieben werden.

Schritt 1: An der Stelle A (Bild 7) befindet sich eine tönende Schallquelle S. In ihrem unge-

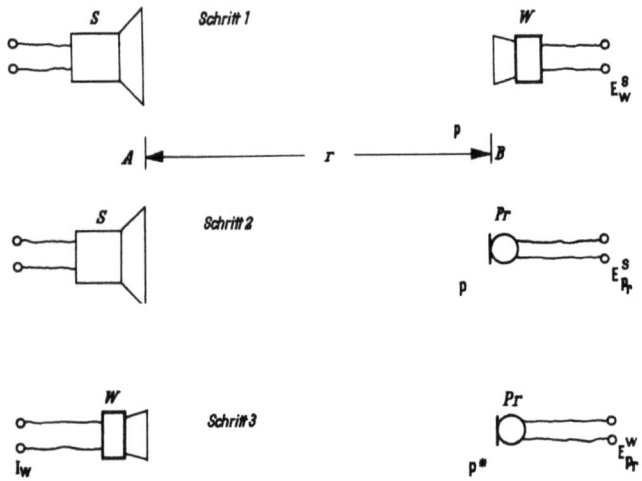

Bild 7: Zur Kalibrierung von Mikrophonen nach dem Reziprozitäts-Verfahren

störten Schallfeld herrscht im Abstand r an der Stelle B der Schalldruck p, dessen Wert nicht bekannt zu sein braucht. Wird an die Stelle B der reversible Wandler W gebracht, wodurch der Schalldruck sich im allgemeinen ändert, so möge an den Wandlerklemmen die EMK E_W^S gemessen werden. Nach Definition ist der Mikrophon-Übertragungsfaktor des Wandlers

$$(5) \quad M_W = \frac{E_W^S}{p}$$

Schritt 2: Bei unverändert tönender Schallquelle S befindet sich der Prüfling Pr an der Stelle B und an seinen Klemmen wird die EMK E_{Pr}^S gemessen. Der Mikrophon-Übertragungsfaktor des Prüflings ist

$$(6) \quad M_{Pr} = \frac{E_{Pr}^S}{p}$$

Schritt 3: Die Schallquelle S wird durch den Wandler W ersetzt. Dieser wird mit dem Strom I_W betrieben. An der Stelle B herrscht im ungestörten Schallfeld des jetzt als Lautsprecher wirkenden Wandlers der im allgemeinen von p verschiedene Schalldruck p*, dessen Größe ebenfalls nicht bekannt zu sein braucht. Der Lautsprecher-Übertragungsfaktor des Wandlers ist

$$(7) \quad L_W = \frac{p^*}{I_W}$$

Wird an den Klemmen des an der Stelle B befindlichen Prüflings die EMK E_{Pr}^W gemessen, so ist

$$(8) \quad M_{Pr} = \frac{E_{Pr}^W}{p^*}$$

Wendet man für den Wandler das Tiefempfangsgesetz (Gl. 3) an, so erhält man unter Berücksichtigung der Gleichungen 5 und 7

$$(9) \quad \frac{M_W}{L_W} = \frac{E_W^S \cdot I_W}{p \cdot p^*} = \frac{2r\lambda}{\rho c}$$

Mit Hilfe der Gleichungen 6 und 8 lassen sich in Gln. 9 die Schalldrücke p und p* eliminieren:

$$(10) \quad \frac{E_W^S \cdot I_W \cdot M_{Pr}^2}{E_{Pr}^S \cdot E_{Pr}^W} = \frac{2r\lambda}{\rho c},$$

und man erhält für den Mikrophon-Übertragungsfaktor des Prüflings

$$M_{Pr} = \sqrt{\frac{2r\lambda}{\rho c} \cdot \frac{E_{Pr}^S \cdot E_{Pr}^W}{E_W^S \cdot I_W}}$$

Schrifttum

[1] J. R. Carson: Reciprocal Theorems in Radio Communication. Proc. I.R.E., 17 (1929), S. 952
[2] W. Schottky: Das Gesetz des Tiefempfangs in der Akustik und Elektroakustik. Phys., 36 (1926), S. 689
[3] W. R. Mc Lean: Absolute measurement of sound without a primary standard. J.A.S.A., 12 (1940), S. 140

ERFAHRUNGEN MIT HEISS- UND KALTLEITERN IN DER MESSTECHNIK

J. Sommer, Eningen

Mit 9 Bildern

Ein Heißleiter oder Thermistor ist ein Halbleiter-Bauelement, dessen Widerstand mit zunehmender Temperatur, also mit zunehmendem Stromdurchfluß abnimmt. Ein Kaltleiter dagegen besteht aus einem Wolframfaden, dessen Widerstand mit wachsendem Stromdurchfluß zunimmt. Der Kaltleiter besteht aus einer dünnen Wolframfadenwendel, die an zwei Elektroden angeschweißt wird, und sich in einem evakuierten Glaskolben befindet. Ein Heißleiter besteht aus Mischoxyden, z. B. Magnesium-Titan-Spinellen. Das Leiterelement ist ebenfalls bei den hier betrachteten Heißleitern im evakuierten Glaskolben untergebracht. Kaltleiter lassen sich mit Kaltwiderständen zwischen etwa 10 Ω und 1 kΩ herstellen, während Heißleiter Kaltwiderstände von 1 kΩ bis einigen 100 kΩ besitzen. Der im folgenden behandelte Heißleiter besitzt außerdem noch eine zusätzliche Heizwicklung, die eine Fremdaufheizung des Widerstandselementes ermöglicht [1, 2].

Als Beispiel einer Schaltung, in der derartige Bauelemente verwendet werden, zeigt das Bild 1 die Prinzipschaltung eines RC-Generators mit einer Wienbrücke. Die Ausgangsspannung U_A eines Verstärkers liegt an der Brücke, die aus einem Mitkopplungszweig und einem Gegenkopplungszweig besteht. Der Verstärkereingang ist in den Nullzweig der Brücke geschaltet. Es soll nun bei steigender Ausgangsspannung U_A die Gegenkopplungsspannung U_2 schneller zunehmen als U_A. Dies wird erreicht, indem entweder ein Heißleiter als R_1 oder ein Kaltleiter als R_2 eingesetzt wird.

Heißleiter und Kaltleiter, die in einer derartigen Schaltung verwendet werden, müssen technisch ausgereift sein, d.h. Bedingungen erfüllen, die man heute z.B. von einer Röhre fordert. Die Kennlinien müssen also in engen Toleranzen liegen und auch bei längerem Betrieb dürfen sich die Kenndaten nicht verändern. Neben Schüttelfestigkeit wird eine lange Lebensdauer gefordert. Heißleiter und Kaltleiter mit verschieden großen Kaltwiderständen, die diese Forderungen erfüllen, sind heute erhältlich. Die Kennlinien guter Heißleiter und Kaltleiter weichen um höchstens ± 10 % von den Sollkurven ab und können ausgesucht mit eingeengten Toleranzen von etwa ± 3 % bezogen werden. Die Alterung ist besonders bei Kaltleitern auf weit unter 1 % herabgedrückt worden. Auch hat man eine genügende mechanische Festigkeit, so daß selbst in transportablen Geräten praktisch keine Ausfälle mehr infolge mechanischer Zerstörung auftreten. Elektrisch werden diese Bauelemente in den Schaltungen so wenig belastet, daß eine Lebensdauer von über 10^5 Stunden vorausgesetzt werden kann.

Es soll nun im folgenden gezeigt werden, wann es vorteilhaft ist, in einer Schaltung einen Kaltleiter zu verwenden oder einen Heißleiter einzusetzen.

Bild 2 zeigt die Kennlinie eines Kaltleiters mit einem Kaltwiderstand von 50 Ω bei +20°C Raumtemperatur. Betriebsmäßig kann dieser Kaltleiter auf über 200 Ω aufgeheizt werden, also etwa auf den vierfachen Kaltwert, wobei seine Wolframwendel eine Temperatur von etwa + 600°C annimmt. Bei dieser Temperatur fängt die Wendel gerade an schwach zu glühen.

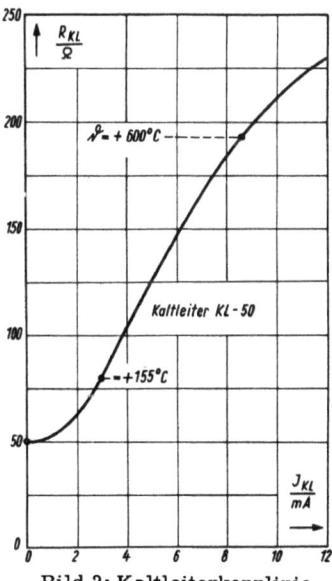

Bild 2: Kaltleiterkennlinie

Bild 3 zeigt die entsprechenden Kennlinien eines Heißleiters für verschiedene Raumtemperaturen ϑ_R. Ein Heißleiter läßt sich auf etwa 1/50 seines Kaltwertes aufheizen, wobei er infolge seines großen Temperaturbeiwertes nur eine Temperatur von rund + 160°C annimmt. Ein Heißleiter ist also wesentlich empfindlicher gegen Änderungen der Raumtemperatur als ein Kaltleiter.

In dem hier interessierenden Widerstandsbereich verläuft der Heißleiterwiderstand exponentiell mit der Übertemperatur $\vartheta_ü$ nach der Beziehung:

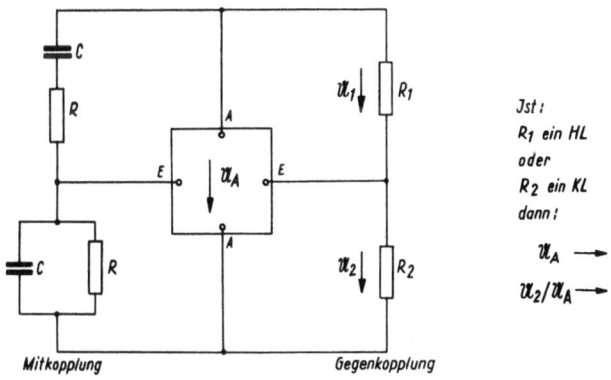

Bild 1: Schaltungsbeispiel. RC-Generator mit Wienbrücke

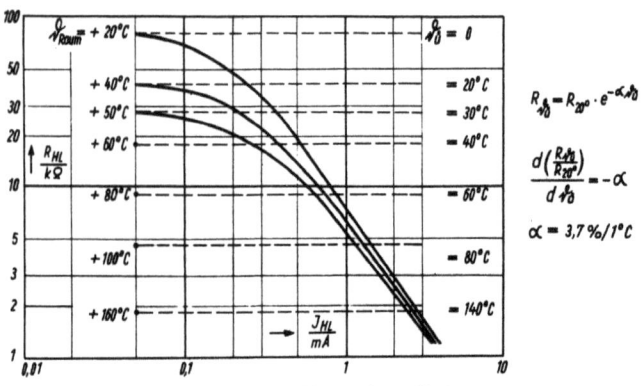

Bild 3: Heißleiterkennlinie

$$R_{\vartheta_{\ddot{u}}} = R_{20°} \cdot e^{-\alpha \vartheta_{\ddot{u}}}, \quad (1)$$

wobei α der Temperaturbeiwert ist. Der Heißleiterwiderstand ist bei kleinen Strömen stark abhängig von der Raumtemperatur und erst bei größeren zugeführten Leistungen verringert sich diese Abhängigkeit. Es sind also besondere Maßnahmen in der Schaltung zu treffen, um die Raumtemperaturabhängigkeit des Heißleiters zu kompensieren.

In den hier betrachteten Schaltungen soll der Widerstand des Heißleiters oder Kaltleiters jedoch nur von dem durchfliessenden Strom abhängen, dagegen möglichst unabhängig von Raumtemperaturänderungen sein. Um beide Bauelemente in dieser Beziehung miteinander vergleichen zu können, ist in Bild 4 über der zugeführten Leistung $N = J^2 \cdot R$ die Widerstandsänderung $\frac{\Delta R}{R} / °C$ aufgetragen, die bei 1 °C Raumtemperaturänderung auftritt. Wir erkennen, daß der Kaltleiter um eine Zehnerpotenz günstiger liegt, d.h. sein Widerstand ist praktisch unabhängig von Raumtemperaturänderungen, während beim Heißleiter eine Änderung der Raumtemperatur um 10 °C bereits 10 bis 20 % Widerstandsänderung verursacht. Es ist also der Kaltleiter dem Heißleiter vorzuziehen, insbesondere dann, wenn nur kleine elektrische Leistungen zur Verfügung stehen.

Man fordert weiter von einem temperaturabhängi-

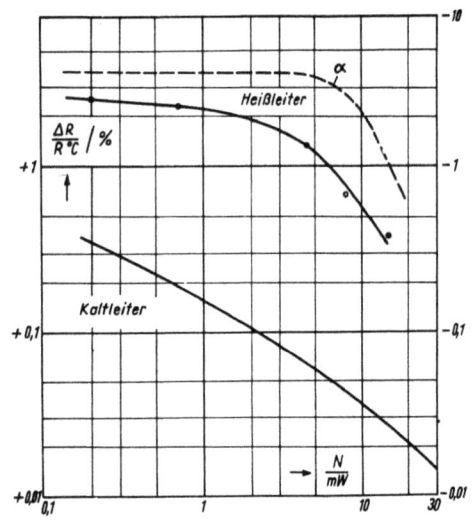

Bild 4: Einfluß der Raumtemperatur auf den Kaltleiter- bzw. Heißleiterwiderstand in Abhängigkeit von der zugeführten Leistung

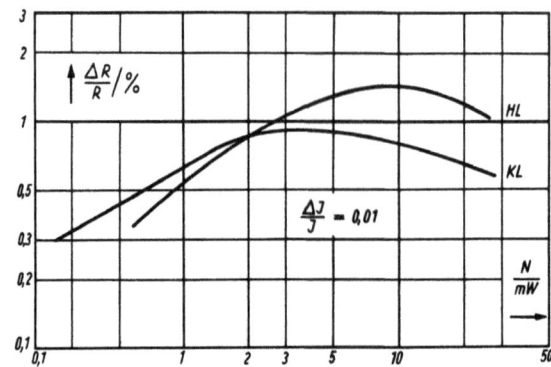

Bild 5: Widerstandsänderung bei 1 % Stromänderung in Abhängigkeit vom Aufheizgrad

gen Widerstand eine große Widerstandsänderung bei einer kleinen Stromänderung, um eine gute Regelschärfe der Schaltung zu erhalten. In Bild 5 ist die prozentuale Widerstandsänderung bei 1 % Stromänderung für beide Schaltelemente über der zugeführten Leistung aufgetragen. Der Heißleiter ist hier dem Kaltleiter etwas überlegen, jedoch ist der Unterschied nicht sehr groß.

Der Widerstand eines Heiß- oder Kaltleiters, der von einem Wechselstrom durchflossen wird, soll einen Widerstandswert annehmen, der der effektiven zugeführten Leistung entspricht. Er darf also nicht dem Momentanwert der Stromamplitude folgen. Die thermische Zeitkonstante dieser Bauelemente muß also groß gegenüber der Periodendauer der niedrigsten Frequenz des durchfließenden Stromes sein. Andernfalls treten z.B. in einer Schaltung nach Bild 1 Verzerrungen auf. In Bild 6 ist oben für einen Heißleiter und unten für einen Kaltleiter der zeitliche Widerstandsverlauf aufgetragen, der sich nach Abschalten des Stromes ergibt. Der Widerstandswert R_0 zur Zeit $t = 0$ ist durch die Größe des bis dahin fließenden Stromes bestimmt. Nachdem der Stromfluß unterbrochen wurde, kühlt sich der Widerstand ab, d.h. seine Übertemperatur klingt exponentiell nach der Beziehung:

$$\vartheta_{\ddot{u}} = \vartheta_{\ddot{u}_0} \cdot e^{-\frac{t}{\tau}} \quad (2)$$

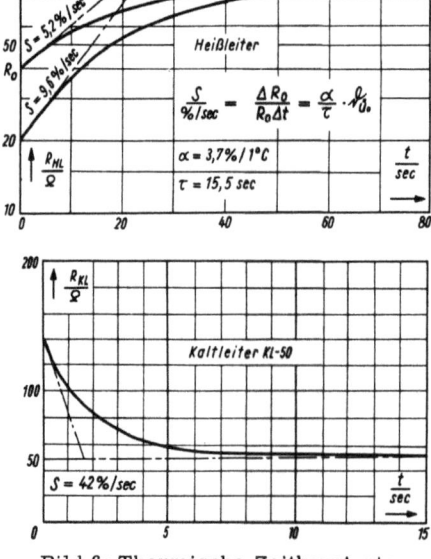

Bild 6: Thermische Zeitkonstanten

auf die Raumtemperatur ab, wobei τ die thermische Zeitkonstante ist. Die Übertemperatur ist proportional der zugeführten elektrischen Leistung, da beim Heißleiter nur eine Wärmeableitung über die Halterung vorhanden ist. Damit läßt sich der zeitliche Verlauf des Heißleiterwiderstandes während des Abkühlens berechnen, wenn die Abkühlungszeitkonstante τ bekannt ist. Umgekehrt kann man aus einer experimentell aufgenommenen Abkühlungskurve aus der Anfangssteilheit die Zeitkonstante τ ermitteln. Nach Gl. 2 nimmt die Temperatur des Heißleiterelementes exponentiell mit der Zeit ab. In dem Bereich, in dem nach Bild 4 der Temperaturbeiwert α (gestrichelte Linie) konstant ist, hängt der Widerstand des Heißleiterelementes ebenfalls exponentiell von der Temperatur des Elementes ab.

$$R_{\vartheta ü} = R_o \, e^{-\alpha \vartheta ü} \qquad (3)$$

Der Widerstand R_o ist der Wert, den das Heißleiterelement bei + 20°C annimmt, $\vartheta_ü$ ist die Übertemperatur gegen + 20°C. Durch Differentiation der Gl. 2 nach der Zeit und der Gl. 3 nach der Temperatur erhält man durch Elimination von $\alpha \cdot \vartheta_ü$ die Anfangssteilheit der Abkühlungskurven nach Bild 6 zu:

$$S = \frac{dR_o}{dt} \cdot \frac{1}{R_o} = \frac{\alpha}{\tau} \cdot \vartheta_{üo} \qquad (4)$$

Bei bekanntem α und $\vartheta_{üo}$, die dem Kennlinienfeld des Heißleiters entnommen werden kann, mit dem experimentell ermitteltem S die Zeitkonstante τ berechnet werden. Wesentlich interessant ist jedoch die Anfangswiderstandsänderung S selbst. Sie beträgt bei dem untersuchten Heißleiter-Exemplar wie dem Bild 6 zu entnehmen ist S = 9,6 %/sec., d.h. in 1 sec. vergrößert sich der Heißleiterwiderstand R_{HL} um etwa 10 % seines Wertes R_o, den er im Abschaltmoment des Stromes besaß. Beim Kaltleiter, der ja auf eine wesentlich höhere Temperatur aufgeheizt wird, sind neben der reinen Wärmeableitung über die Wendelhalterung auch noch Verluste durch Strahlung vorhanden. Bild 6 zeigt unten die Abkühlungskurve eines Kaltleiters. Die Anfangssteilheit ist hier wesentlich größer und beträgt etwa S = 42 %/sec.

Der Heißleiter ist also wesentlich träger als der Kaltleiter; der Heißleiter ist deshalb dann vorzuziehen, wenn bei Strömen tiefer Frequenz ein "Flackern" vermieden werden soll. Heißleiter im Vakuum mit Fremdheizung, (die Fremdheizung wird hier jedoch nicht benutzt) sind besonders wärmeträge und lassen sich bis zu Frequenzen von 0,1 Hz hinunter verwenden, während der Kaltleiter nur bis etwa 2 Hz brauchbar ist.

Wird der Heißleiter oder Kaltleiter in einer Schaltung ähnlich der in Bild 1 gezeigten verwendet, wo es auf die Klirrfreiheit der erzeugten Spannung ankommt, dann darf der temperaturabhängige Widerstand bei der tiefsten erzeugten Frequenz noch nicht "Flackern". Es darf aber darüber hinaus auch bei höheren Frequenzen beim Durchfluß eines sinusförmigen Stromes keine Oberwellenspannung am Widerstand entstehen.

Während beim Kaltleiter derartige Effekte von vornherein nicht zu erwarten sind, konnten sie beim Heißleiter, der ja ein Halbleiterelement ist, beobachtet werden. Wird ein Heißleiter aus einer niederohmigen Spannungsquelle mit sinusförmiger Spannung gespeist, dann tritt die dritte Harmonische auf. Bei guten Heißleitern liegt dieser Klirrfaktor K_3 unter 0,05 % und ist damit in der Regel bedeutungslos. Er streut jedoch stark und kann bei einem erheblichen Teil einer Lieferung - aus noch nicht geklärten Gründen - auf weit über 1 % ansteigen. Bild 7 zeigt den gemessenen Klirrfaktor K_3 eines solchen Heißleiters. Er steigt mit zunehmendem Heißleiterstrom an und erreicht im Hauptarbeitsbereich ein Maximum, um bei höheren Strömen wieder abzunehmen. Dieser Klirrfaktor ist dabei nur wenig frequenzabhängig (Bild 8). In einem Fall besaßen 80 % einer untersuchten Lieferung einen Klirrfaktor von unter 0,05 %, etwa 10 % lagen zwischen 0,05 % und 0,1 %. Der Rest wies Klirrfaktoren zwischen 0,1 % und 1 % auf. Andere Lieferungen besaßen einen wesentlich höheren Prozentsatz an klirrenden Exemplaren. Das Ersatzschaltbild eines solchen Heißleiters muß also eine Urspannung $u_{3\omega}$ in Reihe zum Widerstand aufweisen (Bild 8).

Wird unter Zuhilfenahme der Fremdheizung der Widerstand des Heißleiters konstant gehalten, indem die Heißleitertemperatur konstant gehalten wird, dann steigt der Klirrfaktor mit steigendem

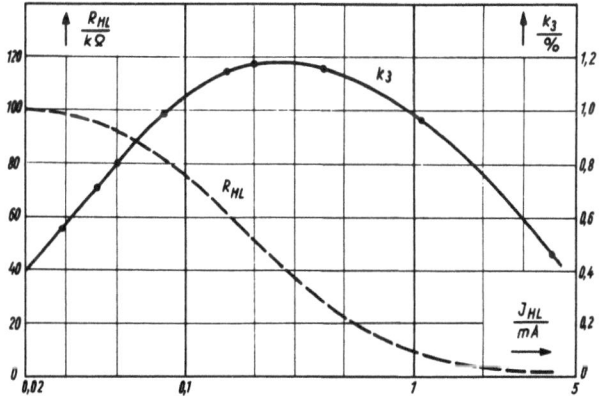

Bild 7: Leerlaufklirrfaktor eines schlechten Heißleiters

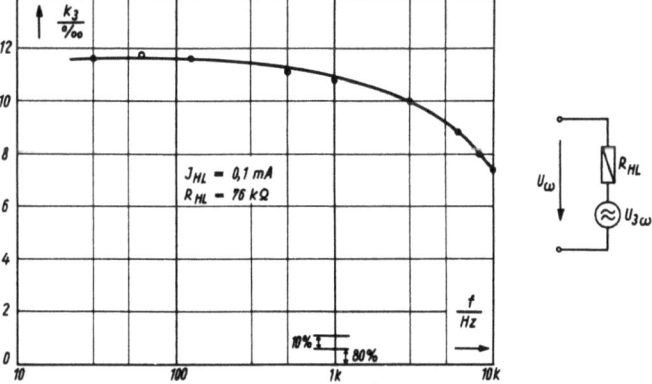

Bild 8: Leerlaufklirrfaktor eines schlechten Heißleiters in Abhängigkeit von der Frequenz

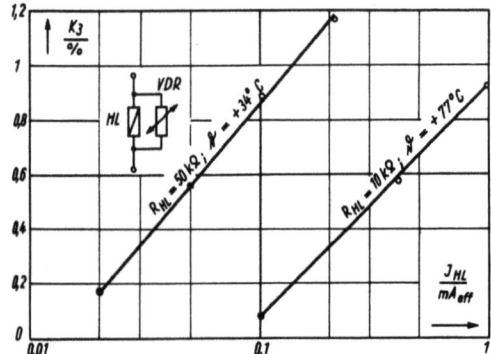

Bild 9: Leerlaufklirrfaktor in Abhängigkeit von der Amplitude des Stromes durch den Heißleiter

Strom I_{HL} durch das Heißleiterelement an (Bild 9), (bei Vergrößern von I_{HL} ist die Fremdheizung entsprechend zu verringern). Wird der Heißleiterwiderstand durch Vergrößern der zugeführten elektrischen Leistung verkleinert, dann verringert sich auch der Klirrfaktor, wie die rechte Kurve in Bild 9 zeigt. Ein derartiges Verhalten läßt sich erklären, wenn man annimmt, daß ein spannungsabhängiger Widerstand parallel zum Heißleiterwiderstand liegt. Es ist also notwendig, in allen Fällen, in denen Klirrfreiheit gefordert wird, die Heißleiter in einem Prüfgerät vor dem Einbau in die Schaltung zu kontrollieren.

Schrifttum

[1] Handbuch für Hochfrequenz- und Elektro-Techniker, Verlag für Radio-Foto-Kinotechnik, Berlin. II Band, S. 119 - 124 und S. 147 - 150
[2] J. Sommer: Neue technische Kaltleiter, Funk und Ton Nr. 10, 1952, S. 520 - 526

DER HALL-GENERATOR UND SEINE ANWENDUNG IN DER MESSTECHNIK

F. Kuhrt, Nürnberg

Mit 12 Bildern

I. Eigenschaften der Hallgeneratoren

1. Der Halleffekt

Hallgeneratoren sind neuartige, elektrische Bauelemente, deren Wirkungsweise auf dem Halleffekt[*] beruht. Wird ein Plättchen aus geeignetem Material von der Dicke d und einem Verhältnis Länge a / Breite b $\gg$ 1 in der Längsrichtung von einem Strom i_1 (Steuerstrom) und senkrecht zur Fläche von einem Magnetfeld B (Steuerfeld) durchsetzt (Bild 1), so entsteht unter der gleichzeitigen Einwirkung dieser beiden Steuergrößen zwischen den Punkten 3 und 4 eine EMK e_2 (Hall-EMK), deren Größe durch

$$e_2 = \frac{R_h}{d} i_1 B \quad (1)$$

gegeben ist. Hierin ist R_h eine Materialkonstante (Hallkonstante).

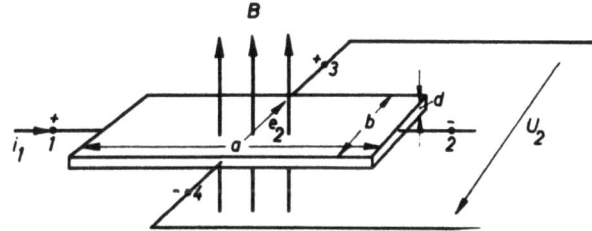

Bild 1: Halleffekt an einer stromdurchflossenen Platte

2. Für die technische Anwendung des Halleffektes geeignete Halbleiter

Bis vor kurzem gehörte der Halleffekt noch ausschließlich in den Bereich der reinen Physik. Um ihn nachzuweisen, benötigte man hochempfindliche Meßeinrichtungen. Seine Bedeutung bestand vornehmlich darin, dem Physiker Aufschluß über den elektrischen Leitungsmechanismus eines Stoffes zu geben. Erst durch die von H. Welker und Mitarbeitern [1, 2, 3, 4, 5, 6] entdeckten intermetallischen Halbleiter Indiumantimonid und Indiumarsenid sind Materialien bekannt geworden, die eine technische Ausnutzung des Halleffektes gestatten und zur Entwicklung des Hallgenerators führten.

An einen für die technische Ausnutzung des Halleffektes geeigneten Werkstoff müssen die folgenden Bedingungen gestellt werden:

1) Die Hallkonstante des verwendeten Materials muß groß sein;
2) um dem Element Leistung entnehmen zu können, muß der spezifische Widerstand des Materials klein sein;
3) im Hinblick auf meßtechnische Anwendungen

---
[*] Benannt nach seinem Entdecker, dem amerikanischen Physiker E.H. Hall (1879)

müssen Hallkonstante und spezifischer Widerstand weitgehend temperaturunabhängig sein.

Für den Fall, daß nur eine Ladungsträgerart vorhanden ist, hängt die Hallkonstante vermittels der Beziehung

$$R_h = \frac{3\pi}{8} \frac{1}{en} \quad (2)$$

allein von der Trägerkonzentration n ab. Hierin ist e die Elementarladung. Der spezifische Widerstand ist dagegen umgekehrt proportional dem Produkt aus Trägerkonzentration n und Beweglichkeit μ, also

$$\varrho = \frac{1}{en\mu} \quad (3)$$

Für die praktische Anwendung des Halleffektes wird also gemäß den Forderungen 1) und 2) ein Material mit kleiner Trägerkonzentration bei hoher Beweglichkeit verlangt. In Frage kommen daher nur Halbleiter mit hohem Reinheitsgrad. Extrem hohe Elektronenbeweglichkeiten besitzen die bereits genannten Halbleiter Indiumarsenid mit $\mu_n = 23000$ cm^2/Vs und Indiumantimonid mit $\mu_n = 65000$ cm^2/Vs.

Die insbesondere für meßtechnische Anwendungen erforderliche Temperaturunabhängigkeit der Hallkonstante und des spezifischen Widerstandes wird von Indiumarsenid weitgehend erfüllt. In dem für technische Anwendungszwecke interessierenden Temperaturbereich von 0-100°C besitzt Indiumarsenid die Hallkonstante $R_h = 100$ cm^3/As und einen Temperaturgang des spezifischen Widerstandes von ca. 0,1 %/°C, während die Temperaturabhängigkeit der Hallkonstante nur etwa -0,05 %/°C beträgt. Indiumantimonid vergleichbarer Hallkonstante befindet sich dagegen bereits bei Zimmertemperatur in der Eigenleitung. Dementsprechend ist die Temperaturabhängigkeit des spezifischen Widerstandes und der Hallkonstante 10 bzw. 20 mal größer als bei Indiumarsenid. Indiumarsenid ist somit der einzige Halbleiterstoff, der alle drei Forderungen erfüllt und daher für technische Anwendungen des Halleffektes vorwiegend verwendet wird.

3. Aufbau eines Hallgenerators

Ein Element, das die technische Ausnützung des Halleffektes gestattet, also hohe Hallspannungen bei gleichzeitig hoher Halleistung liefert, wird als Hallgenerator bezeichnet [7]. Träger der elektrischen Eigenschaften eines Hallgenerators ist das elektrische System. Es besteht aus einem Plättchen der erwähnten Halbleitersubstanzen, das mit zwei Elektroden für die Zuführung des Steuerstromes i_1 und zwei weiteren Elektroden zur Abnahme der Hallspannung versehen ist. Zur Stabilisierung der dünnen Halbleiterschicht (100 μm und weniger) und zum Schutze gegen mechanische Beanspruchungen ist das elektrische System von einem Mantel aus Kunstharz, Sinterkeramik oder auch ferritischem Material umgeben, der gleichzeitig als guter Wärmeleiter dazu dient, die Verlustwärme des elektrischen Systems abzuführen.

4. Der Hallgenerator als elektrischer Vierpol

Wie Bild 2 zeigt, weichen die Abmessungen des elektrischen Systems beträchtlich von der eingangs betrachteten Form des langgestreckten Streifens mit punktförmigen Elektroden ab. Insbesondere sind die Steuerelektroden über die ganze Breite b des Plättchens ausgedehnt, um eine unzulässig hohe Erwärmung durch die Zusammendrängung der Strombahnen in der unmittelbaren Umgebung punktförmiger Steuerelektroden zu vermeiden [8]. Diese Abweichungen haben zur Folge, daß in der Beziehung (1) anstelle des Faktors R_h/d ein anderer Wert tritt, und zwar gilt für die Hall-EMK praktischer elektrischer Systeme:

$$e_2 = K_o\, i_1\, B. \tag{4}$$

Der Faktor K_o hängt vom Material, von der geometrischen Form des elektrischen Systems, also von den Abmessungen des Plättchens sowie im wesentlichen von der Breite s der Hallelektroden und gegebenenfalls auch vom Magnetfeld B ab. K_o wird die Leerlaufempfindlichkeit eines Hallgenerators genannt.

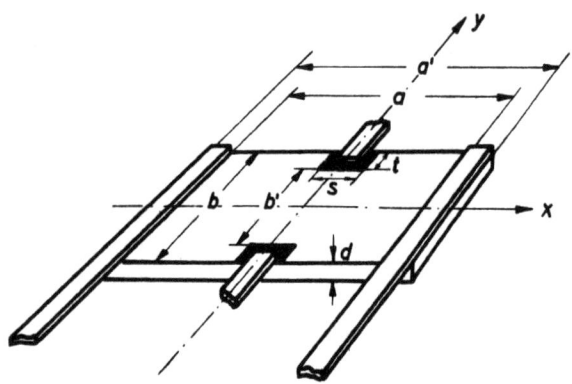

Bild 2: Aufbau des elektrischen Systems

In Bild 3 ist die übliche Betriebsschaltung eines Hallgenerators dargestellt. Der Steuerstromkreis oder Primärkreis wird von der Steuer-EMK E gespeist, der Hallstromkreis oder Sekundärkreis ist mit einem passiven Widerstand R_a abgeschlossen. In dieser Schaltung wird das elektrische Verhalten des Hallgenerators beschrieben durch die symmetrischen Vierpolgleichungen [9]

$$\begin{aligned} u_1 &= R_1\, i_1 + K_o\, B\, i_2 \\ u_2 &= K_o\, B\, i_1 - R_2\, i_2 \end{aligned} \tag{5}$$

mit dem primärseitigen Leerlaufwiderstand R_1,

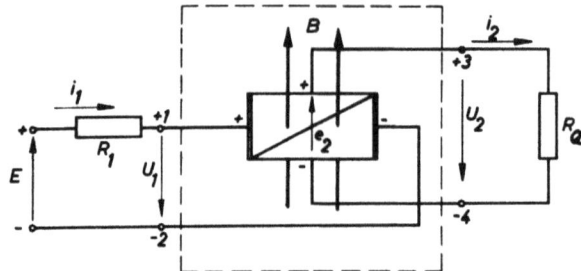

Bild 3: Betriebsschaltung eines Hallgenerators

dem sekundärseitigen Leerlaufwiderstand R_2 und dem Kernwiderstand $K_o B$. Das Betriebsverhalten des Hallgenerators wird somit durch die Betriebsgrößen R_1, R_2 und K_o bestimmt.

5. Die Betriebsgrößen R_1, R_2 und K_o

Die Betriebsgrößen R_1 und R_2 hängen infolge des transversalen magnetischen Widerstandseffektes vom Magnetfeld B ab [10, 11]. Die Werte der Leerlaufwiderstände beim Feld B = 0 werden mit R_{10} und R_{20} bezeichnet. Sie liegen für Hallgeneratoren aus Indiumarsenid der verschiedensten Typen zwischen 1 bis 10 Ω. In Bild 4 sind die auf die Werte R_{10} und R_{20} bezogenen Leerlaufwiderstände in Abhängigkeit von B für Hallgeneratoren aus Indiumarsenid der Hallkonstante $R_h = 100\ \text{cm}^3/\text{As}$ mit einem Seitenverhältnis $a/b = 2$ (s. Bild 2) und einer Hallelektrodenbreite entsprechend $s/a = 0,15$ dargestellt.

Die Leerlaufempfindlichkeit K_o hängt von den Verhältnissen a/b und s/a sowie von B ab. Normale handelsübliche Hallgeneratoren haben bei 10 kG eine Leerlaufempfindlichkeit von ca. 0,1 [V/AkG], d.h. bei einem maximalen Steuerstrom von ca. 1 A wird in einem Magnetfeld von 10 kG eine Leerlauf-Hallspannung von ca. 1 V erreicht.

Für die weitere Diskussion wird die Empfindlichkeit K_o auf den Wert der Empfindlichkeit K_{oo} des unendlich langgestreckten Streifens bezogen, also die Funktion

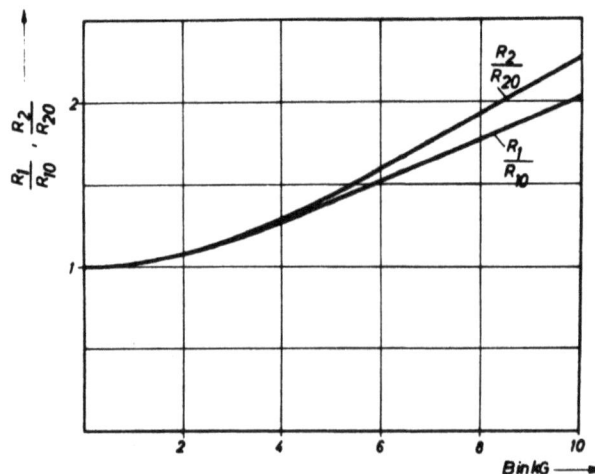

Bild 4: Leerlaufwiderstände R_1 und R_2 in Abhängigkeit vom Steuerfeld

$$G(a/b, s/a, B) = \frac{K(a/b, s/a, B)}{K_{oo}} \text{ mit } K_{oo} = \frac{R_h}{d} \quad (6)$$

betrachtet. Im Falle punktförmiger Hallelektroden besitzt G (a/b, o, B) für B = 5 kG und Indiumarsenid der Hallkonstante R_h = 100 cm³/As den in Bild 5 dargestellten Verlauf [13]. Die Abhängigkeit der Funktion G (a/b, o, B) vom Magnetfeld B ist in dem technisch interessierenden Bereich zwischen 0 und 10 kG nur gering; unterhalb etwa a/b = 2 beträgt sie einige Prozent, oberhalb davon liegt sie in der Darstellung von Bild 5 links innerhalb der Strichstärke. Gemäß dem Verlauf der Funktion G (a/b, o, B) ist es in der Praxis sinnvoll, ein Seitenverhältnis a/b = 2 zu wählen, weil eine Vergrößerung des Seitenverhältnisses darüberhinaus nur eine geringfügige Vergrößerung der Empfindlichkeit bei beträchtlicher Steigerung des Materialaufwandes bringt und umgekehrt bei Unterschreiten dieses Wertes die Empfindlichkeit bei nur geringer Materialeinsparung stark absinkt. Bei den weiteren Überlegungen und Kennliniendarstellungen wird daher auf das fest vorgegebene Seitenverhältnis a/b = 2 Bezug genommen.

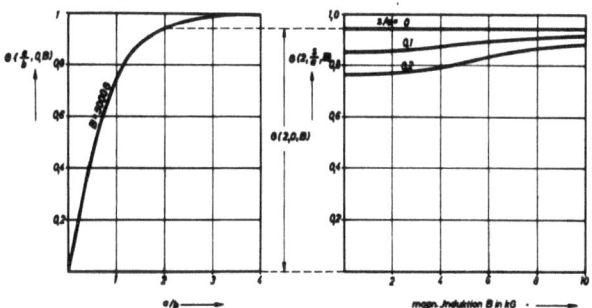

Bild 5: Verlauf der Funktionen G (a/b, 0, B) und G (2, s/a, B)

Der Einfluß der Hallelektrodenverbreiterung auf die Leerlaufempfindlichkeit ist in Bild 5 rechts zu sehen. Bild 5 rechts zeigt die Funktion G (2, s/a, B) in Abhängigkeit von B mit s/a als Parameter, und zwar für Indiumarsenid der Hallkonstante R_h = 100 cm³/As. Für punktförmige Hallelektroden (s/a = 0) wird G (2, 0, B) = 0,94, also vom Feld praktisch unabhängig und liefert daher in Bild 5 rechts eine Gerade im Abstand 0,94 von der Abszisse. Mit wachsender Elektrodenbreite nimmt G und damit die Empfindlichkeit K_o ab und wird überdies vom Feld B abhängig. Die Form der Feldabhängigkeit wird ebenfalls von der Elektrodenbreite, d.h. von s/a beeinflußt.

6. Empfindlichkeit des belasteten Hallgenerators und lineare Anpassung

Wird der Hallgenerator nach Bild 3 mit dem Ohmschen Abschlußwiderstand R_a belastet, so ist die zwischen den Anschlußklemmen 3 und 4 anstehende Hallspannung

$$u_2 = K_1 i_1 B$$

$$\text{mit } K_1 = \frac{K_o(a/b, s/a, B)}{1 + \frac{1}{\lambda_2}\frac{R_2}{R_{20}}} \text{ und } \lambda_2 = \frac{R_a}{R_{20}}. \quad (7)$$

K_1 wird als Empfindlichkeit des belasteten Hallgenerators bezeichnet und hängt über K_o und R_2 von der Geometrie des elektrischen Systems und vom Feld B ab; darüber hinaus ergibt sich über das Anpassungsverhältnis λ_2 eine Abhängigkeit von den Eigenschaften des Außenkreises. Für $\lambda_2 \to \infty$ geht K_1 in die Leerlaufempfindlichkeit K_o über. Bei sehr vielen Anwendungen des Hallgenerators kommt es darauf an, daß die Empfindlichkeit K_1 für einen vorgegebenen Hallgenerator möglichst eine vom Feld unabhängige Konstante ist. Dann ist nämlich die Hallspannung unmittelbar dem Produkt aus Steuerstrom i_1 und Steuerfeld B proportional, und der Hallgenerator gestattet auf einfache Weise das Produkt zweier elektrischer Größen wiederum als elektrische Größe darzustellen. Die Proportionalität zwischen Hallspannung u_2 und Steuerstrom i_1 ist nach Gl. (7) offensichtlich. Die Entscheidung darüber, ob K_1 eine feldunabhängige Konstante ist, wird in der Praxis daher am einfachsten so erbracht, daß bei konstantem Steuerstrom die Hallspannung in Abhängigkeit vom Steuerfeld gemessen wird. Die auf die Steuerstromeinheit bezogene Hallspannung in Abhängigkeit vom Magnetfeld B wird als spezifische Kennlinie $S_1(\lambda_2, B)$ des Hallgenerators bezeichnet. Für ein feldunabhängiges K_1 ist die spezifische Kennlinie eine durch den Ursprung weisende Gerade. Abweichungen von dieser Geraden werden durch die Feldabhängigkeit von K_1 verursacht.

Zur Definition des Produktfehlers wird in dem angenommenen Steuerfeldbereich $0 \leq B \leq B_m$ (z.B. B_m = 10 kG) eine Gerade so durch die spezifische Kennlinie hindurchgelegt, daß die maximalen Abweichungen oberhalb und unterhalb der Geraden gleich groß sind (Bild 6a). Der in der Meßtechnik üblichen Fehlerdefinition entsprechend wird diese Abweichung auf den Meßbereich - Endwert bezogen und als maximaler Produktfehler definiert. Im Ausdruck für die Empfindlichkeit (7) wachsen Zähler und Nenner mit B an, so daß der Einfluß auf die Feldabhängigkeit des Quo-

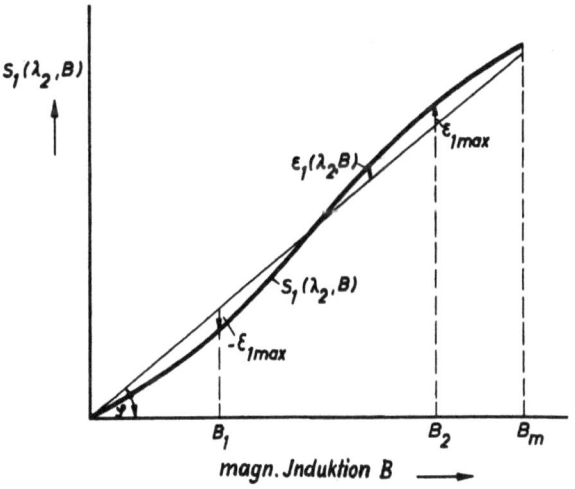

Bild 6a: Spezifische Kennlinie

tienten K_1 und somit auch der Produktfehler F_1 umso geringer wird, je weitgehender der Feldverlauf des Zählers dem Feldverlauf des Nenners proportional wird. Der Charakter der Feldabhängigkeit wird beim Zähler durch den Parameter s/a, beim Nenner im wesentlichen durch das Anpassungsverhältnis λ_2 bestimmt. Für ein fest vorgegebenes elektrisches System gibt es zu jedem λ_2 eine bestimmte spezifische Kennlinie $S_1(\lambda_2, B)$ und damit einen bestimmten Produktfehler $F_1(\lambda_2)$. Eine solcher Art ermittelte Fehlerkurve hat den Verlauf nach Bild 6b, besitzt also bei einem gewissen λ_{2lin} ein Fehlerminimum F_{1min}. Dieser spezielle Wert λ_{2lin} wird als das zu dem vorgegebenen Hallgenerator gehörende lineare Anpassungsverhältnis bezeichnet. Bei welchem Wert von λ_2 das Fehlerminimum liegt, hat man bei der Konstruktion des Hallgenerators durch geeignete Wahl des Abmessungsverhältnisses s/a in der Hand. Die Kurve in Bild 6b gilt für einen Hallgenerator aus Indiumarsenid der Hallkonstante 100 cm^3/As mit den Abmessungsverhältnissen a/b = 2 und s/a = 0,15.

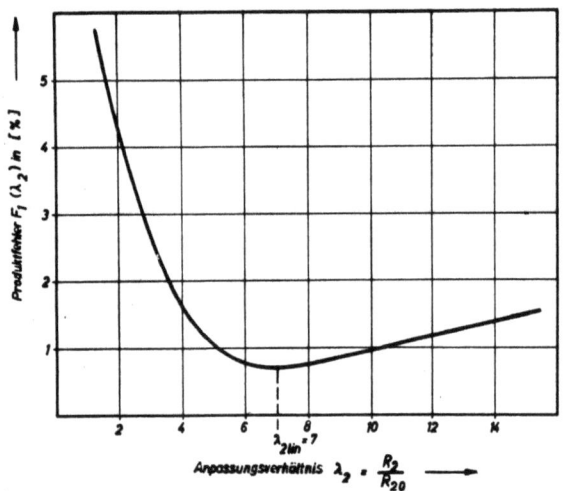

Bild 6b: Produktfehler als Funktion des Anpassungsverhältnisses λ_2.

II. Anwendungsbeispiele aus der Meßtechnik

An Hand einiger Beispiele soll ein kurzer Überblick über die verschiedenen Anwendungsmöglichkeiten für Hallgeneratoren in der Meßtechnik gegeben werden.

1. Messung von Magnetfeldern

Der Vorschlag, mit Hilfe des Halleffektes Magnetfelder auszumessen, ist alt [14]. Der von einem konstanten Steuerstrom erregte Hallgenerator wird in das auszumessende Magnetfeld gebracht. Die auftretende Hallspannung ist dann bei linearer Anpassung der Normalkomponente des Magnetfeldes direkt proportional. Aus Indiumarsenid lassen sich heute Feldsonden herstellen, die eine Anzeigeempfindlichkeit von einigen 10^{-5} V/G besitzen. Solche Sonden können zur Messung beliebiger magnetischer Streufelder oder auch zur Messung der Magnetfelder in elektrischen Maschinen verwendet werden [15, 16]. Bei besonderer Ausbildung des Hallgenerators kann über die Messung der Tangentialfeldstärke auch die magnetische Feldstärke im Inneren eines magnetischen Prüflings bestimmt werden [17, 18].

Zur Messung kleinster Felder, die über einen größeren Bereich homogen sind (z.B. das Erdfeld oder die Streufelder großer Eisenmassen, wie Erzlagerstätten, Schiffskörper), kann die Anzeigeempfindlichkeit einer Feldsonde dadurch gesteigert werden, daß man das schwache Magnetfeld durch zwei Stäbe aus hochpermeablem Eisen auf den Hallgenerator konzentriert (Bild 7). Auf diese Weise werden mit einfachsten Mitteln Magnetfelder bis hinunter zu 10^{-5} G meßtechnisch erfaßbar [19].

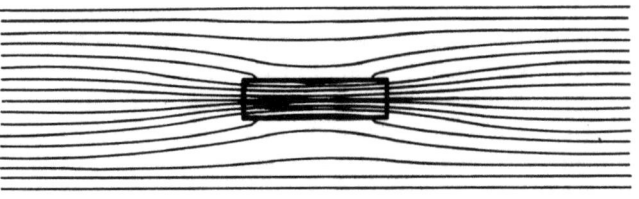

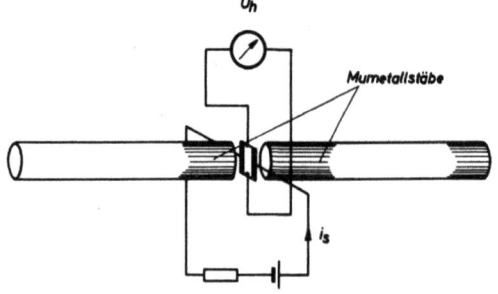

Bild 7: Messung kleinster Magnetfelder

2. Ausführung von Multiplikationen

Eine für praktische Anwendungen geeignete Ausführungsform einer Einrichtung zur Multiplikation zweier elektrischer Größen besteht aus einer Drossel mit einem im Luftspalt angeordneten Hallgenerator. Sofern Sättigung im Eisen vermieden wird, ist das Luftspaltfeld dem Strom in der Erregerwicklung proportional. Eine solche aus Luftspaltdrossel und Hallgenerator bestehende Einrichtung wird kurz "Multiplikator" genannt. Schematischer Aufbau und Schaltbild sind in Bild 8 dargestellt.

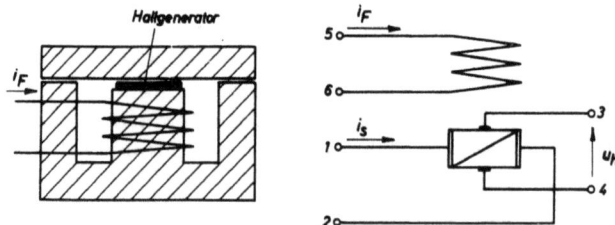

Bild 8: Aufbau und Schaltbild eines Multiplikators

Ein derartiger Multiplikator eignet sich z.B. sehr gut für wattmetrische Messungen. Steuerstrom- und Feldwicklungsanschlüsse entsprechen Spannungs- und Strompfad, während die Hallspannung dem zeitlichen Verlauf der an den Verbraucher abgegebenen Leistung proportional ist. Der Multiplikator kann daher in Verbindung mit einer gewöhnlichen Oszillographenschleife eine Wattmeterschleife ersetzen. Der Mittelwert der Hallspannung ist der Wirkleistungsaufnahme des

Verbrauchers proportional, so daß der Multiplikator in Verbindung mit einem geeigneten Drehspulinstrument die Eigenschaften eines Wattmeters besitzt.

3. Kontaktlose Signalgabe

Eine Anordnung zur kontaktlosen Signalgabe besteht aus einem Permanentmagnet, einem Empfangskopf mit Hallgenerator und einem Transistorverstärker. Der sich am Empfangskopf vorbeibewegende Permanentmagnet erregt den Hallgenerator, und die entstehende Hallspannung wird gegebenenfalls von einem Transistorverstärker weiterverarbeitet. Der Permanentmagnet kann je nach Anwendungszweck ein Flachmagnet oder ein Dipolmagnet sein. Der Empfangskopf besteht aus einem U-förmigen mit Fangblechen versehenen Weicheisenkern, in dessen Luftspalt sich ein Hallgenerator befindet. Zur Signalgabe mit einem Flachmagnet bewegt sich der Magnet in x-Richtung im Abstand D am Empfangskopf vorbei, wie Bild 9 zeigt. Die Beeinflussung des Empfangskopfes durch den Streufluß des Flachmagneten ist in Bild 9 für drei charakteristische Positionen dargestellt. Schließlich zeigt Bild 9 die vom Empfangskopf abgegebene Hallspannung, wenn sich der Flachmagnet in verschiedenen Abständen am Empfangskopf vorbeibewegt. Die symmetrische Mittellage des Flachmagneten über dem Empfangskopf ist durch einen steilen Nulldurchgang der Hallspannung gekennzeichnet. Die Anordnung kann daher vorteilhaft als Meßwertgeber

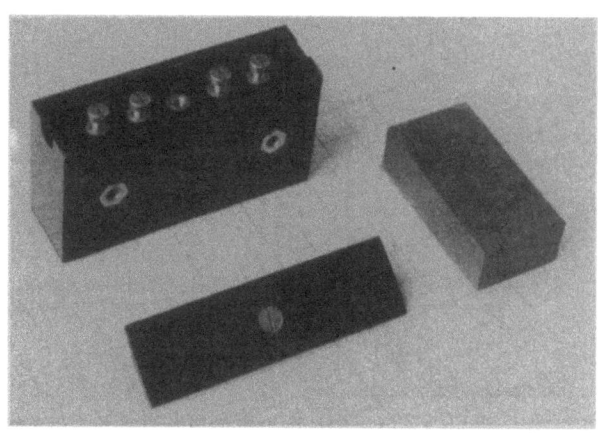

Bild 10: Empfangskopf mit zugehörigem Flachmagneten

für Bündigkeitssteuerungen verwendet werden. Bild 10 zeigt die Ausführung eines Empfangskopfes mit zugehörigem Flachmagnet. Bei Verwendung eines Transistor-Kippverstärkers mit einer Ansprechempfindlichkeit von ± 15 mV besitzt dieser Empfangskopf eine Reichweite von ca. 10 cm, während die für Bündigkeitssteuerungen maßgebende Ansprechtoleranz bei einem Abstand von D = 2 cm ± 1 mm beträgt.

Neuerdings ist es gelungen, Empfangsköpfe herzustellen, die nur wenige Millimeter groß sind und eine Halbleiterschicht von nur 5 μm Dicke enthalten. Als Sendemagnet dient ein kleiner Permanentmagnetstift. Mit einer derartigen Anordnung können kleinste mechanische Bewegungen in elektrische Spannungen umgesetzt werden. Die Anzeigeempfindlichkeit beträgt dabei etwa 0,5 mV/μm.

4. Statische Abfragung von Magnetogrammen

Unter der Abfragung von Magnetogrammen versteht man die Umsetzung der auf einem magnetisierbaren Träger (Magnetband oder Magnettrommel) gespeicherten remanenten Magnetisierungszustände in eine elektrische Spannung. Diese Aufgabe wurde bisher mit den vom Magnettonverfahren her bekannten induktiven Wiedergabeköpfen gelöst. Da die induktiven Wiedergabeköpfe auf die Änderungsgeschwindigkeit des remanenten Flusses ansprechen, muß zur Abfrage der Magnetogrammträger mehr oder weniger schnell am Abtastkopf vorbeibewegt werden; gleichzeitig tritt bei der Wiedergabe eine frequenzproportionale Verzerrung der auf dem Träger gespeicherten Signale auf. Diese Nachteile werden vermieden, wenn man zur Abfragung von Magnetogrammen anstelle des Induktionsgesetzes den Halleffekt ausnützt. Die Hallspannung ist nämlich der magnetischen Induktion selbst proportional und nicht ihrer Änderungsgeschwindigkeit.

Ein Wiedergabekopf mit Hallgenerator besteht im wesentlichen aus zwei kleinen Ferritplatten, zwischen denen sich eine dünne Schicht aus Indiumantimonid befindet (Bild 11). Er wird senkrecht auf das Magnetband aufgesetzt, und zwar so, daß sein mit der Halbleiterschicht ausgefüllter Spalt dem Spalt des Aufsprechkopfes parallel verläuft. Der von den magnetisierten Bereichen des Magnetbandes ausgehende Fluß wird dann von den Ferritplatten erfaßt und senkrecht

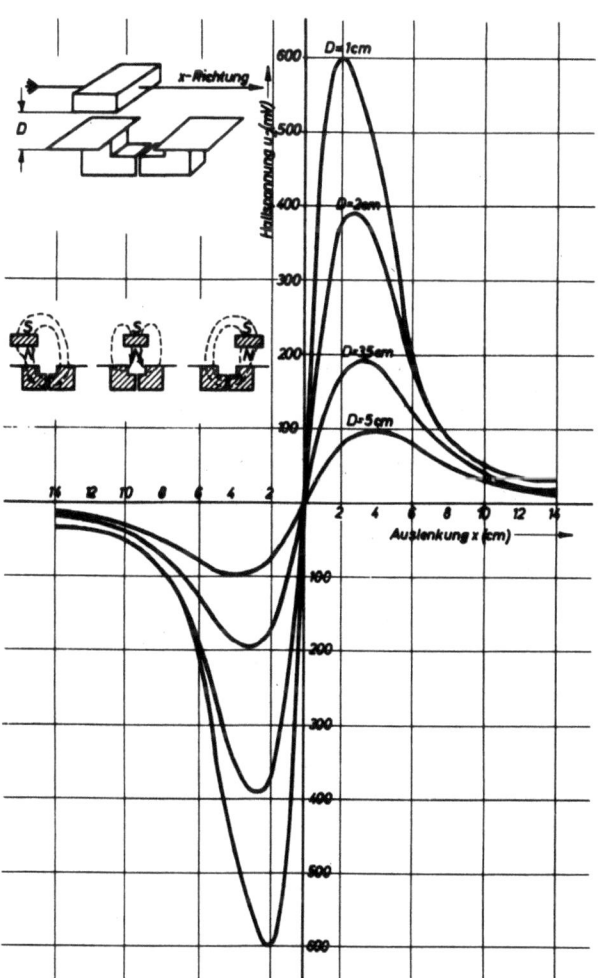

Bild 9: Signalgabe mit einem Flachmagneten

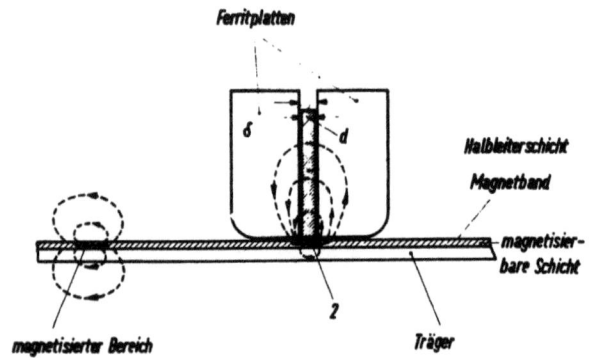

Bild 11: Prinzip eines Wiedergabekopfes mit Hallgenerator

über die Halbleiterschicht gelenkt. Schickt man durch die Halbleiterschicht in Richtung senkrecht zur Zeichenebene einen konstanten Steuerstrom i_1, so entsteht zwischen den Punkten 1 und 2 der Halbleiterschicht eine der remanenten Induktion proportionale Hallspannung.

Bild 12 zeigt drei verschiedene Ausführungsformen von Wiedergabeköpfen mit Hallgeneratoren, und zwar von links nach rechts: Einen Pilottonkopf zum Aufsprechen und Abhören einer niederfrequenten transversalmagnetisierten Pilottonspur (Spaltbreite 0,5 mm), einen Wiedergabekopf für längsmagnetisierte Bandaufzeichnungen (Spaltbreite 15 μm, Spurbreite 1,5 mm) und einen entsprechenden Wiedergabekopf mit weichmagnetischem Kopfspiegel (Spaltbreite 10 μm, Spurbreite 6,25 mm).

Bild 12: Ausführungsformen von Hall-Wiedergabeköpfen

Der steuerseitige Innenwiderstand eines Wiedergabekopfes mit Hallgenerator beträgt etwa 40 Ω, der hallseitige Innenwiderstand etwa 20 Ω. Erregt wird der Hallgenerator mit einem Steuerstrom von 50 mA. Die Abtastung eines Kurzschlußflusses von 200 m-Maxwell ergibt eine Leerlaufausgangsspannung von ca. 500 μV. Die Rauschspannung, gemessen im Frequenzbereich von 10 Hz bis 20 kHz, ist < 0,2 μV.

Schrifttum

[1] H. Welker: Über neue halbleitende Verbindungen I. Z. Naturforschung Bd. 7a (1952), S. 744-749
[2] H. Welker: Über neue halbleitende Verbindungen II. Z. Naturforschung Bd. 8a (1953), S. 248-251
[3] H. Weiß: Über die elektrischen Eigenschaften von InSb. Z. Naturforschung Bd. 8a (1953), S. 463-469
[4] O. Madelung und H. Weiß: Die elektrischen Eigenschaften von InSb. Z. Naturforschung Bd. 9a (1954), S. 527-534
[5] O.G. Folberth, R. Grimm und H. Weiß: Über die elektrischen Eigenschaften von InAs. Z. Naturforschung Bd. 8a (1953), S. 286
[6] O.G. Folberth, O. Madelung und H. Weiß: Die elektrischen Eigenschaften von InAs II. Z. Naturforschung Bd. 9a (1954), S. 954-958
[7] W. Hartel: Anwendungen der Hallgeneratoren. Siemens-Zeitschrift Bd. 28 (1954), S. 376-384
[8] F. Kuhrt: Eigenschaften der Hallgeneratoren. Siemens-Zeitschrift Bd. 28 (1954), S. 370-376
[9] F. Kuhrt und W. Hartel: Der Hallgenerator als Vierpol. Archiv f. Elektrotechn. Bd. 43 (1957), S. 1-15
[10] H. Weiß und H. Welker: Zur transversalen magnetischen Widerstandsänderung von InSb. Z. Physik Bd. 138 (1954), S. 322-329
[11] H. Weiß: Die magnetische Widerstandsänderung in InAs. Z. Naturforschung Bd. 12a (1957), S. 80
[12] H.J. Lippmann und F. Kuhrt: Der Geometrieeinfluß auf den transversalen magnetischen Widerstandseffekt bei rechteckförmigen Halbleiterplatten. Z. Naturforschung Bd. 13a (1958), S. 462-474
[13] H.J. Lippmann und F. Kuhrt: Der Geometrieeinfluß auf den Halleffekt bei rechteckigen Halbleiterplatten. Z. Naturforschung Bd. 13a (1958), S. 474-483
[14] W. Peukert: Neues Verfahren zur Messung magnetischer Felder. ETZ Bd. 31 (1910), S. 636-637
[15] G. Loocke: Messung magnetischer Gleichfelder in elektrischen Maschinen. ETZ-A Bd. 76 (1955), S. 517
[16] F. Kuhrt und E. Braunersreuther: Messung des Feldverlaufs im Luftspalt eines Gleichstrommotors mit Hilfe des Halleffektes. ETZ A Bd. 77 (1956), S. 578-581
[17] Assmuss und R. Boll: Messungen an weichmagnetischen Werkstoffen mit dem Hallgenerator. ETZ A Bd. 77 (1956), S. 234-236
[18] F. Kuhrt und W. Hartel: Der Eigenfeldfehler bei der Messung der Tangentialfeldstärke im Eisen mittels des Halleffektes. Archiv f. Elektrotechnik, Bd. 42 (1956), S. 398 - 409
[19] H. Hieronymus und H. Weiß: Über die Messung kleinster magnetischer Felder mit Hallgeneratoren. Siemens-Zeitschrift 31 (1951), S. 404-409

PRINZIPIEN FÜR DEN BAU VON GERÄTEN UND APPARATUREN FÜR TIEFE TEMPERATUREN

H. G. Kahle, Darmstadt

Mit 5 Bildern

I. Einleitung

Das Gebiet der tiefen Temperaturen hat seit einigen Jahren nicht nur in der Physik, sondern auch in den verschiedensten technischen Fächern und Fachrichtungen zunehmend an Bedeutung gewonnen. In der Elektrotechnik z.B. sind die Anforderungen, die an die elektrischen Bau- und Schaltelemente (etwa für Düsenflugzeuge und Raketen) bei tieferen Temperaturen gestellt werden, beinahe von Jahr zu Jahr gestiegen. Es handelt sich hierbei um Temperaturen bis etwa $-70°C = 203°K$. Für die Nachrichtentechnik haben sich im eigentlichen Gebiet der tiefen Temperaturen, etwa bei Verwendung von flüssigem Helium, durch die Entwicklung des Festkörper-Maser neue Möglichkeiten für eine sehr rauscharme Verstärkung und Erzeugung kurzer elektromagnetischer Wellen eröffnet.

Es scheint daher gerechtfertigt, auch in diesem Kreise einen Überblick über das Tieftemperaturgebiet zu geben. Im Rahmen eines kurzen Berichtes kann allerdings ein solcher Überblick keineswegs vollständig sein. Es sollen hier nach einer Übersicht über die Kühlmittel und einige ihrer Eigenschaften lediglich die Probleme behandelt werden, die bei der Konstruktion und dem Bau von Versuchsapparaturen für tiefe Temperaturen auftreten und beachtet werden müssen. Andere wichtige Probleme, wie das Einfüllen der Kühlmittel, vor allem der verflüssigten Gase, in die Versuchsapparatur, die Möglichkeiten zur Vorkühlung der Versuchsapparatur oder Fragen der Temperaturmessung bei tiefen Temperaturen, sollen nicht berührt werden.

II. Die Kühlmittel und ihre Eigenschaften

Die einfachste Möglichkeit zur Erzeugung von Kälte ist die Ausnutzung der Schmelzwärme. Mit Eis z.B. kann man einen Versuchskörper sehr leicht auf einer Temperatur von $0,00°C = 273,16°K$ halten. Eis-Salz-Gemische geben etwas tiefere Temperaturen, die ebenfalls über längere Zeiten konstant bleiben. Bei einer Mischung aus geschabtem Eis oder Schnee und Kochsalz (NaCl) erhält man z.B. eine Temperatur von $251,9°K$. Noch niedrigere Temperaturen erreicht man bei Verwendung von fester Kohlensäure (CO_2), auch Trockeneis genannt, die beim Erwärmen bei $194,7°K$ direkt aus dem festen in den gasförmigen Aggregatzustand übergeht.

Will man große Apparaturen oder ganze Räume auf die genannten Temperaturen abkühlen, so verwendet man statt der beschriebenen Kühlmittel zweckmäßiger die kontinuierlich arbeitenden Kältemaschinen, wie sie auch in den meisten Haushaltskühlschränken eingebaut sind. Sie erzeugen die Kälte durch Kompression und Expansion eines Kältemittels, Ammoniak oder Freon, das in einem geschlossenen Kreislauf zirkuliert. Es lassen sich mit ihnen selbst große Räume bei guter Kälteisolierung der Wände, der Decke und des Fußbodens dauernd auf Temperaturen bis zu etwa $-80°C = 193°K$ halten.

Wenn man in das eigentliche Gebiet der tiefen Temperaturen vordringen will, so ist man auf die Kühlung mit den verflüssigten Gasen angewiesen, und zwar flüssigen Sauerstoff, flüssige Luft, flüssigen Stickstoff, flüssigen Wasserstoff und flüssiges Helium, deren Siedepunkte bei Atmosphärendruck in Tafel 1 angegeben sind.

Flüssige Luft ist ein Gemisch von flüssigem Sauerstoff und flüssigem Stickstoff, dessen Zusammensetzung direkt nach der Verflüssigung

Tafel 1

Verflüssigtes Gas	Siedepunkt bei Atmosphärendruck	Verdampfungswärme
Sauerstoff	$90,1°K$	$57,7$ cal/cm^3
Luft	≈ 83	$41,1$
Stickstoff	$77,3$	$38,6$
Wasserstoff	$20,4$	$7,8$
Helium	$4,2$	$0,625$

etwa der Zusammensetzung in der Atmosphärenluft entspricht, also etwa ein Teil Sauerstoff und vier Teile Stickstoff. Je länger die Luft nach der Verflüssigung steht, desto sauerstoffreicher wird sie, da der Stickstoff mit dem niedrigeren Siedepunkt zuerst verdampft. Im gleichen Maße steigt die Temperatur an. Flüssige Luft hat also keinen genau angebbaren, konstanten Siedepunkt.

Nutzt man bei jedem der genannten Gase nur jeweils den Siedepunkt bei Atmosphärendruck aus, so ist man auf wenige Punkte auf der Temperaturskala festgelegt, die man allerdings sehr leicht genau konstant halten kann. Einen beschränkten Temperaturbereich um jeden dieser Punkte herum kann man noch überdecken, indem man das entsprechende verflüssigte Gas unter einem anderen als Atmosphärendruck sieden läßt. Eine Druckerhöhung verschiebt dabei den Siedepunkt zu höheren, eine Druckerniedrigung zu niedrigeren Temperaturen. Die Druckerniedrigung und die damit verbundene Temperaturerniedrigung hat im allgemeinen eine untere Grenze. Beim Unterschreiten des sogenannten Tripelpunktes, bei dem die gasförmige, die flüssige und die feste Phase nebeneinander existieren, wird das verflüssigte Gas fest und gewährt dann keinen guten Wärmekontakt mehr. Der Tripelpunkt liegt z.B. bei Sauerstoff bei $54,7°K$, bei Wasserstoff bei $14,0°K$.

Helium besitzt keinen Tripelpunkt, es läßt sich

also durch Erniedrigen des Dampfdruckes über einem Heliumbad nicht verfestigen (dazu ist ein Druck von mindestens 25 Atm erforderlich). Helium weist im flüssigen Zustand überhaupt eine Reihe äußerst überraschender und ungewöhnlicher Eigenschaften auf, von denen eine hier erwähnt werden soll. Kühlt man flüssiges Helium durch Verringern des Dampfdruckes über der Flüssigkeit ab, so geht es bei $2,19\,^\circ K$ in einen anderen Zustand über, der mit Helium II bezeichnet wird und durch eine außerordentlich große Beweglichkeit der Heliumatome gekennzeichnet ist. Ein Strom von Helium II fließt praktisch ohne Reibung. Daher nennt man das Helium II auch das superfluide Helium. Die Folge ist, daß auch die Wärmeleitfähigkeit außerordentlich groß wird, um einige Zehnerpotenzen größer als die von Kupfer bei Zimmertemperatur. Kleinste Temperaturdifferenzen innerhalb des flüssigen Heliums gleichen sich sofort aus. Infolgedessen verdampft das Helium direkt von der Flüssigkeitsoberfläche aus und perlt nicht in Blasen, die sich an Kondensationskeimen meist an den Gefäßwänden bilden, durch die Flüssigkeit hindurch. Solche Gasblasen stören bei empfindlichen elektrischen Messungen sehr, denn sie verursachen ein Rauschen. Man wird daher bei Messungen im Heliumgebiet, z.B. bei dem im Mikrowellenbereich arbeitenden Festkörper-Maser, nach Möglichkeit die Temperatur unter $2,19\,^\circ K$ erniedrigen, damit man in den Bereich des superfluiden Heliums kommt.

Heliumgas ist in Europa sehr kostspielig. Man kann es sich daher nicht wie in Amerika leisten, das verflüssigte und während des Versuchs verdampfende Heliumgas in die Atmosphäre entweichen zu lassen, sondern man muß das Gas auffangen und durch Rohrleitungen zu einem Gasometer führen, und zwar so, daß es möglichst nicht durch Luft oder andere Gase verunreinigt wird. Völlig läßt sich eine solche Verunreinigung im allgemeinen nicht verhindern. Daher ist ein besonderer Reinigungsprozeß erforderlich, bei dem das Heliumgas auf hohe Drucke komprimiert und durch mit flüssigem Stickstoff gekühlte Aktivkohle geleitet wird, bevor es für die nächste Verflüssigung zur Verfügung steht.

Wasserstoff und Helium sind die leichtesten Elemente; ihre Molekül- bzw. Atomradien sind extrem klein. Die Folge ist, daß beide Gase sehr hohe Diffusionsgeschwindigkeiten besitzen und durch feinste Poren und Haarrisse hindurchdiffundieren können. Metallgefäße, vor allem Vakuumgefäße, die für andere Gase selbst bei tiefen Temperaturen absolut vakuumdicht sind, sind es für Wasserstoff oder Helium oftmals nicht mehr. Glas ist für Helium durchaus etwas durchlässig. Es sind also beim Arbeiten mit Wasserstoff und Helium Spezialgefäße und Apparaturen nötig, die zum Teil erhebliche Mehrkosten verursachen.

III. Prinzipien zum Bau von Apparaturen für tiefe Temperaturen

Bei der Konstruktion und beim Bau von Gefäßen und Versuchsapparaturen für tiefe Temperaturen hat man sich als wichtigsten Punkt vor Augen zu halten, wie groß die Schmelz- oder Verdampfungswärme eines bestimmten Volums, etwa eines cm^3 ist, da man stets nur bestimmte Volumen zur Verfügung hat. In Tafel 1 sind daher die Verdampfungswärmen der verflüssigten Gase in cal/cm^3 angegeben. Man erkennt daraus, daß man bei der Verwendung von flüssigem Wasserstoff und vor allem von flüssigem Helium für eine besonders gute Wärmeisolierung, d.h. einen besonders kleinen Wärmestrom, zwischen dem Außenraum und dem Kühlbad oder ganz allgemein den kalten Teilen der Apparatur zu sorgen hat.

Dieser Wärmestrom setzt sich im wesentlichen aus vier verschiedenen Beiträgen zusammen, und zwar aus

1. der Wärmeleitung durch die die kalten Teile umgebende Gasatmosphäre.

2. der Wärmeströmung in der umgebenden Gasatmosphäre (Konvektion),

3. der Wärmeleitung über feste metallische oder nichtmetallische Verbindungen zwischen den kalten und den warmen Teilen der Apparatur,

4. der Wärmestrahlung.

Für die Wärmestrahlung ist das Stefan-Boltzmann-Gesetz verantwortlich, das besagt, daß ein Körper, der sich auf der absoluten Temperatur T befindet, eine Wärmestrahlung aussendet, die proportional T^4 ist.

Die ersten beiden Beiträge zum Wärmestrom lassen sich fast vollständig eliminieren durch eine Vakuumisolierung zwischen den kalten Wänden des Kühlgefäßes und der warmen Umgebung.

Die Wärmestrahlung läßt sich auf verschiedene Weise herabdrücken. Aus der Proportionalität zu T^4 folgt sofort, daß es zweckmäßig ist, die Temperatur T der Umgebung möglichst niedrig zu halten. Man muß also die Teile der Apparatur, die sehr tiefe Temperaturen, z.B. $4,2\,^\circ K$, annehmen sollen, möglichst allseitig mit Wänden umgeben, die eine relativ niedrige Temperatur, z.B. die Temperatur des flüssigen Stickstoffs, besitzen. Ferner muß man alle Wände möglichst gut verspiegeln, denn bei größerem Reflexionsvermögen der Wände gehen die Verluste durch Wärmestrahlung zurück. Diese Verluste können noch weiter reduziert werden, wenn man jeweils zwischen zwei Wände, die sich auf sehr verschiedenen Temperaturen befinden, eine weitere Wand als sogenannten Strahlungsschirm anbringt. Dieser Schirm nimmt eine Temperatur an, die zwischen denen der beiden Wände liegt und die sich unter vereinfachenden Annahmen leicht berechnen läßt. Wenn sich die eine Wand z.B. auf $4,2\,^\circ K$, die andere auf $77\,^\circ K$ befindet und wenn Schirm und Wände aus dem gleichen (und gleich gut verspiegelten) Material hergestellt sind, dann nimmt der Schirm eine Temperatur von etwa $65\,^\circ K$ an, und die Wärmestrahlung geht um den Faktor $(77/65)^4 = 2$ zurück.

In die Wärmeleitung über eine feste Verbindung gehen vier Faktoren ein, und zwar der Temperaturunterschied zwischen den beiden Enden der festen Verbindung, die Länge der Verbindung, der Querschnitt der Verbindung und schließlich die Wärmeleitfähigkeit der betreffenden festen Substanz. Man sieht sofort, wie man diesen Beitrag zum Wärmestrom klein machen kann. Man muß den Temperaturunterschied zwischen den kalten Teilen der Apparatur und den Punkten, an denen sie befestigt werden, klein halten. Das bedeutet z.B., daß man die Teile, die $4,2^\circ K$ annehmen sollen, nicht an Punkten aufhängt, die sich während des Versuches auf Zimmertemperatur befinden, sondern an Punkten, die sich auf der Temperatur des flüssigen Stickstoffs befinden. Ferner muß man die festen Verbindungen zwischen den Punkten, die verschiedene Temperatur haben, möglichst lang und von kleinem Querschnitt machen. Und entscheidend ist schließlich die Auswahl von festen Substanzen mit sehr kleiner Wärmeleitfähigkeit.

Für die Probenaufhängung und eventuell erforderliche elektrische Zuleitungen gelten genau dieselben Prinzipien wie für den Bau der eigentlichen Versuchsapparatur. Wenn man die Probe nicht direkt in das Kühlbad tauchen kann oder will, hängt man sie in einem möglichst allseitig geschlossenen Probengehäuse, dessen Wände die gewünschte Temperatur haben, auf, und zwar an dünnen, schlecht wärmeleitenden Fäden aus Perlon oder Nylon, die an Punkten befestigt sind, die eine relativ niedrige Temperatur besitzen. Elektrische Zuleitungen sollten aus Metallen sein, die eine gute elektrische Leitfähigkeit besitzen. Solche Metalle besitzen aber auch eine gute Wärmeleitfähigkeit. Man darf daher die Querschnitte nicht unnötig groß machen und darf vor allem die Zuleitungen nicht direkt nach außen auf Punkte mit Zimmertemperatur leiten, sondern muß sie über Punkte mit relativ niedriger Temperatur führen, um sie "thermisch abzufangen".

IV. Beispiele

Zur Aufbewahrung und zum Transport kleiner Mengen der verflüssigten Gase und für einfache Versuchsapparaturen verwendet man im allgemeinen doppelwandige Glasgefäße mit Vakuummantel, sogenannte Dewar-Gefäße, die in den verschiedensten Formen und Größen erhältlich sind. Zwei Beispiele zeigt das Bild 1. Die im Vakuum gelegenen Innenwände des Gefäßes sind zur Verringerung der Wärmestrahlung versilbert. Dabei läßt man zur visuellen Beobachtung zweckmäßig zu beiden Seiten einen Streifen oder ein Fenster frei.

Beim Arbeiten mit flüssigem Wasserstoff oder Helium umgibt man das Gefäß mit einem zweiten, mit flüssigem Stickstoff gefüllten Gefäß, da man auf diese Weise (vgl. Abschn. III) den Wärmestrom und damit den Verbrauch an Wasserstoff oder Helium wesentlich verringern kann, siehe Bild 2. Da Helium durch Glas hindurchdiffundiert, ist es nicht zweckmäßig, als Helium-Gefäß ein evakuiertes und abgeschmolzenes Glas-Dewar-Gefäß zu verwenden. Denn nach wenigen Versuchen wäre so viel Helium durch die Glaswand in den Vakuumraum gedrungen, daß die gute wärmeisolierende Wirkung des Vakuummantels entfiele. Man versieht daher das Heliumgefäß mit einem Hahn (vgl. Bild 2), durch den vor jedem Versuch der Vakuummantel neu evakuiert werden kann. Man benötigt dabei nur eine Vorvakuumpumpe, die etwa 1/10 mm Hg erreicht. Denn wenn das Helium eingefüllt wird, kühlt sich die Innenwand des Gefäßes so stark ab, daß alle verbliebenen Gasreste (mit Ausnahme von Helium selbst) sofort kondensieren und ausfrieren und auf diese Weise ein ausgezeichnetes Vakuum entsteht.

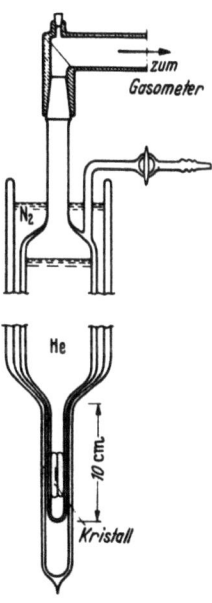

Bild 2: Glasgefäß-Anordnung für optische und magnetische Untersuchungen von Kristallen bei der Temperatur des flüssigen Heliums, nach [2]

So einfach und so angenehm das Arbeiten mit Glas-Dewar-Gefäßen auch ist - vor allem, da man durch einen geschickten Glasbläser beinahe alle gewünschten Formen herstellen lassen kann -, einen großen Nachteil besitzen sie. Sie zerbrechen sehr leicht, einerseits durch innere Spannungen im Glas beim plötzlichen Abkühlen im Moment des Einfüllens des Kühlbades, andererseits durch mechanische Beschädigungen.

Metallgefäße besitzen diesen Nachteil nur in sehr viel kleinerem Maße. Dafür treten bei ihnen andere Probleme auf. Bei der Konstruktion der Apparatur ist es entscheidend, geeignete Metalle oder Legierungen auszuwählen, die, je nach dem Verwendungszweck, eine große oder eine kleine

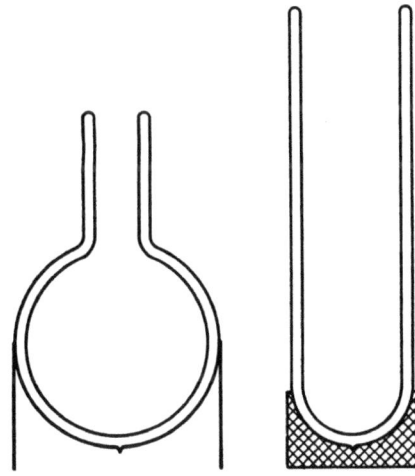

Bild 1: Zwei Formen von Glas-Dewar-Gefäßen, nach [1]

Wärmeleitfähigkeit bei tiefen Temperaturen besitzen sollen. Aus einem Metall mit großer Wärmeleitfähigkeit, z.B. Kupfer, müssen alle die Teile der Apparatur hergestellt werden, die eine einheitliche Temperatur annehmen sollen, auch ohne daß sie in direktem Wärmekontakt mit dem Kühlbad stehen. Aus einem Metall mit kleiner Wärmeleitfähigkeit müssen alle Verbindungen zwischen Teilen der Apparatur hergestellt werden, die sich während des Versuchs auf verschiedenen Temperaturen befinden. Die am häufigsten verwendeten Metalle oder Legierungen mit kleiner Wärmeleitfähigkeit λ sind [1, 3, 4]

Silberbronze mit λ = 0,012 $\frac{\text{Watt}}{\text{cm Grad}}$ bei 4,2°K
Neusilber 0,008
Contracid 0,0025
Rostfreier Stahl 0,0025

Ihre Zusammensetzungen betragen etwa:

Silberbronze : 46 % Cu, 41 % Zn, 13 % Ni,
Neusilber : 64 % Cu, 20 % Zn, 16 % Ni,
Contracid : 60 % Ni, 16 % Fe, 15 % Cr, 7 % Mo,
Rostfr. Stahl: 73%Fe, 18%Cr, 9%Ni, 0,11% max. C.

Beim Bau der Metallgefäße besteht das wesentlichste Problem darin, die Gefäße absolut vakuumdicht herzustellen, und zwar nicht nur für Zimmertemperatur, sondern für die verwendeten tiefen Temperaturen und vor allen für die sehr leicht diffundierenden Gase Wasserstoff und Helium.

Ein einfaches Beispiel für ein Metallgefäß ist das Vorrats- und Transportgefäß für flüssigen Wasserstoff oder flüssiges Helium, das im Bild 3 im Schnitt gezeigt ist. Das Gefäß wird in den USA kommerziell mit einem Fassungsvermögen zwischen 10 und 100 l hergestellt. In den beiden Vakuummänteln ist Aktivkohle angebracht, die bei tiefen Temperaturen große Mengen Gas adsorbieren kann und so über Jahre hinaus für ein jedenfalls im abgekühlten Zustand gutes Vakuum sorgt. Die Kugeln sind aus Kupferblech gedrückt und ringsum verlötet, die Halsstücke bestehen aus rostfreiem Stahl. Solche Gefäße, die man zur mechanischen Sicherung mit einem stabilen Metallmantel umgibt, halten flüssiges Helium sehr lange. Bei den großen Typen ist die täglich verdampfende Menge kleiner als 1 % des Fassungsvermögens. In solchen Gefäßen wird in Amerika heute bereits flüssiges Helium als Luftfracht verschickt.

Eine Versuchsapparatur, bei der die in Abschn. III genannten Möglichkeiten zur Verringerung des Wärmestroms zwischen der warmen Umgebung und den kalten Teilen der Apparatur weitgehend ausgenutzt sind, zeigt das Bild 4. Die Apparatur dient zur Messung der magnetischen Suszeptibilität paramagnetischer Stoffe [5]. Man erkennt in der Mitte den Behälter für flüssiges Helium, weiter außen den ringförmigen Behälter

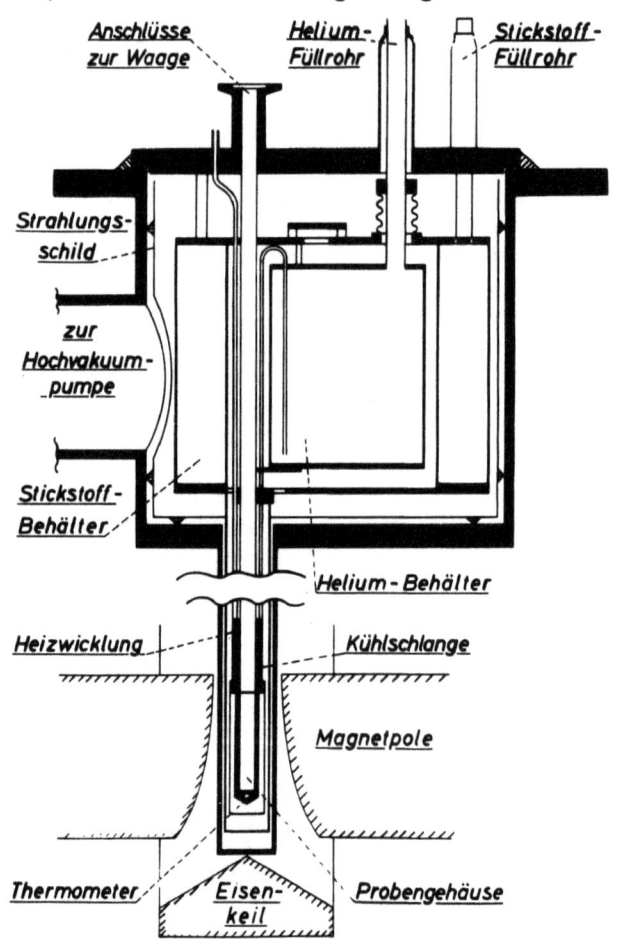

Bild 4: Schnittbild einer Metallapparatur zur Messung von magnetischen Suszeptibilitäten bei Temperaturen oberhalb 4,2°K, nach [5], stark vereinfacht

für flüssigen Stickstoff. Der Heliumbehälter ist rings umgeben von Wänden, die sich auf der Temperatur des flüssigen Stickstoffs befinden. Diese Temperatur herrscht auch an den Stellen, an denen der Heliumbehälter aufgehängt ist. Drei Seiten des Behälters für flüssigen Stickstoff sind durch einen Strahlungsschirm gegen die Strahlung der Außenwand, die sich auf Zimmertemperatur befindet, abgeschirmt. Beide Behälter, der für flüssiges Helium und der für flüssigen Stickstoff, befinden sich im Hochvakuum, das mittels einer seitlich angeschlossenen Pumpe hergestellt wird. Die eigentliche Probe hängt in einem Gehäuse im inhomogenen Feld eines Elektromagneten. Das Probengehäuse wird durch einen Heliumstrom gekühlt, der durch eine dünne Rohrleitung mit Hilfe einer Pumpe hindurchgesogen wird. Durch Grobregulierung mit der Sauggeschwindigkeit und Feinregulierung mit einer elek-

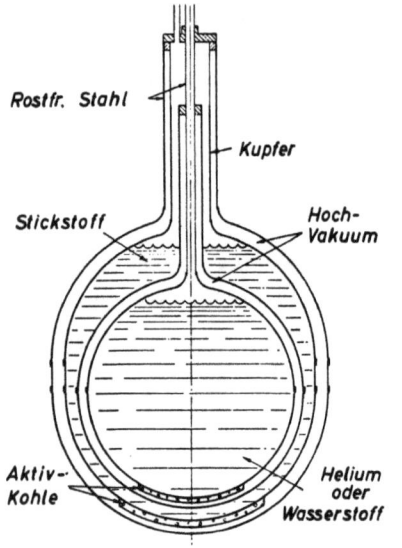

Bild 3: Vorrats- und Transportgefäß für flüssigen Wasserstoff oder flüssiges Helium, nach [1]

trischen Zusatzheizung kann man alle gewünschten Temperaturen oberhalb 4,2 °K einstellen und über lange Zeit konstant halten. Oberhalb von 77 °K verwendet man anstelle des Heliums zweckmäßig Stickstoff. Das Probengehäuse ist von zwei Strahlungsschirmen umgeben, von denen der eine die Versuchstemperatur, der andere die Temperatur des flüssigen Stickstoffs hat. Im Deckel des Außenbehälters befinden sich die Einfüllstutzen für flüssigen Stickstoff und für flüssiges Helium und die (nicht gezeichneten) Durchführungen für die elektrischen Anschlüsse.

Zum Schluß soll noch darauf hingewiesen werden, daß seit einigen Jahren das Vakuum als Wärme- oder Kälteisolator mehr und mehr durch Schaumkunststoffe, wie etwa Polystyrol-Schaumstoff, verdrängt wird. Ein solcher Schaumkunststoff besitzt zwar ein etwas schlechteres Isoliervermögen als das Vakuum, er hat aber den großen Vorteil, daß man das Gefäß zur Aufnahme des Kühlbades sparen kann, denn der Schaumkunststoff selbst dient als Gefäß (die Poren sind meist allseitig geschlossen und daher für Flüssigkeiten nicht durchlässig). Das Bild 5 zeigt ganz schematisch einen Schnitt durch eine solche Apparatur, die für ferrimagnetische Resonanzen verwandt wurde [6]. Das Innengefäß für flüssiges Helium ist noch aus Glas, das Außengefäß für flüssigen Stickstoff ist aus Polystyrol-Schaumstoff hergestellt. Der Schaumstoff ist unten an der Glaswand des Innengefäßes mit einem Spezialkleber befestigt. Der dünn ausgezogene unterste Teil des Innengefäßes taucht ohne Isolierung durch flüssigen Stickstoff direkt in den Mikrowellen-Hohlraumresonator, der sich zwischen den Flachpolen eines Elektromagneten befindet.

Ausführliche Darstellungen über das gesamte Gebiet der Tieftemperatur-Technik sind in verschiedenen Handbüchern und Monographien zu finden, z.B. in [1].

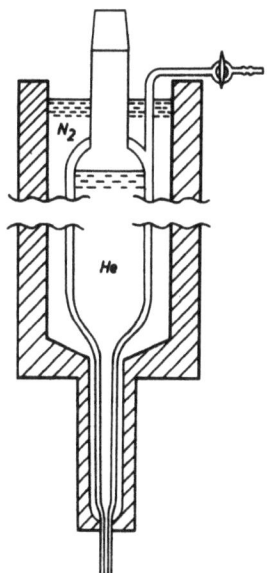

Bild 5: Schematischer Schnitt einer Apparatur zur Messung ferrimagnetischer Resonanzen bei der Temperatur des flüssigen Heliums, nach [6], stark vereinfacht. Das Innengefäß ist aus Glas, das Außengefäß aus Polystyrol-Schaumstoff

Schrifttum

[1] R. B. Scott: Cryogenic Engineering, van Nostrand Comp., Princeton, N.J. 1959
[2] J. Brochard und K. H. Hellwege: Z. Physik 135, 620 (1953)
[3] J. Karweil und K. Schäfer: Ann. Phys. (4) 36, 567 (1939)
[4] C. F. Squire: Low Temperature Physics, McGraw-Hill, London 1953
[5] K. H. Hellwege, U. Johnson und B. Schneider: unpubliziert, private Mitteilung
[6] J. F. Dillon, jr., S. Geschwind, V. Jaccarino und A. Machalett: Rev. Sci. Instrum. 30, 559 (1959)

ANWENDUNG VON SICHTGERÄTEN FÜR ZEITSPARENDE MESSUNGEN

G. Hoffmann, Reutlingen

Mit 8 Bildern

Einleitung

Die Oszillografenröhre ist eine Elektronenstrahlröhre mit je einem Ablenksystem für die Horizontalrichtung und die Vertikalrichtung. Das Sichtgerät ist demnach seinem Wesen nach ein Koordinatenschreiber und eignet sich zur Darstellung beliebiger Funktionen y = f (x). Die Besonderheiten des Sichtgerätes sind seine hohe erzielbare Schreibgeschwindigkeit sowie die endliche Nachleuchtdauer des Bildschirmes, die zwischen einigen Sekundenbruchteilen und einigen Sekunden liegen kann.

Das Sichtgerät als Zeitfunktionsschreiber

Wegen seiner hohen Schreibgeschwindigkeit wird das Sichtgerät auch heute noch vornehmlich zur Aufzeichnung zeitlich rasch ablaufender Vorgänge verwendet. Diese Anwendung ist besonders einfach, wenn die abzubildenden Zeitfunktionen von sich aus periodisch sind, weil dann durch periodisch wiederholte Abbildung ein dauernd sichtbares Bild erzeugt werden kann. Die Abbildung periodischer Wechselspannungen oder Impulsspannungen ist allgemein bekannt.

Einmalige Vorgänge, beispielsweise Einschwingvorgänge versucht man periodisch wiederholt anzuregen, wobei natürlich die Periode der Anregung größer sein muß als die Einschwingzeit. Gelingt dies, so ist die Abbildung mit dem Sichtgerät ebenfalls leicht möglich.

Bei einmaligen, nicht periodisch erregbaren Vorgängen wird ebenfalls das Sichtgerät verwendet, wenn die Vorgänge so rasch ablaufen, daß andere Registrierverfahren versagen. In diesem Fall wird das Bild meist fotografisch festgehalten. Dieses Meßverfahren ist ausgesprochen zeitraubend. Es ist zum Teil schon abgelöst durch die Blauschriftröhre, bei der das Bild durch eine chemische Veränderung des Bildschirmes gespeichert wird. Durch Wärmeeinwirkung kann die chemische Veränderung rückgängig gemacht und damit das alte Bild gelöscht werden. Die erzielbare Schreibgeschwindigkeit beträgt etwa 10 cm je Millisekunde.

Für noch rascher ablaufende Vorgänge wird man vermutlich im Laufe der Zeit auf elektrische Speicherverfahren übergehen, bei denen das gespeicherte Bild periodisch abgetastet und dann mit einem normalen Oszillografen dargestellt werden kann. Ladungs-Speicherverfahren (Memoscop) erscheinen hierbei am aussichtsreichsten.

Bei den geschilderten Meßaufgaben, die nur der Vollständigkeit wegen erwähnt worden sind, laufen die zu messenden Vorgänge so rasch ab, daß ein flinkes Schreibgerät, also das Sichtgerät, zur Darstellung benützt werden muß. Das Sichtgerät wird also nicht zum Zwecke der Zeitersparnis eingesetzt, sondern die Meßaufgaben erfordern ein flinkes Meßverfahren. Aus diesem Grunde gehören diese Anwendungen nicht zum Thema und sollen nachfolgend auch nicht weiter behandelt werden.

Das Sichtgerät als Kennlinienschreiber

Die Ablenksysteme der Oszillografenröhre arbeiten elektrostatisch oder elektromagnetisch. Die zugehörigen Auslenkungen sind den zugeführten Ablenkspannungen oder Ablenkströmen proportional. Die naheliegendste Anwendung des Sichtgerätes ist demnach die Darstellung der gegenseitigen Abhängigkeit von Spannungen oder Strömen. Im ersten Bild ist eine solche Anwendung gezeigt und der klassischen Meßmethode gegenübergestellt.

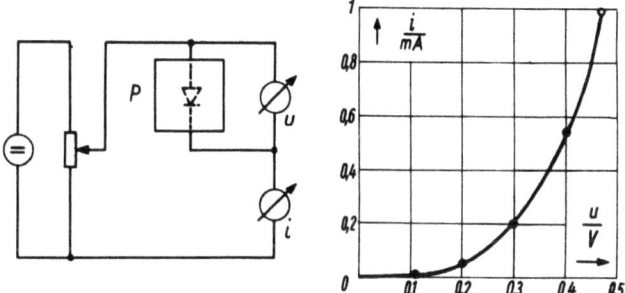

Bild 1a: Kennlinien-Aufnahme mit Zeiger-Instrumenten

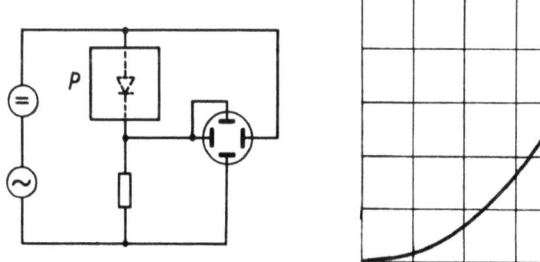

Bild 1b: Kennlinienschreiber mit Sichtgerät

Ein Nachteil der oszillografischen Methode besteht darin, daß ein Meßprotokoll nur durch Abzeichnen oder Fotografieren geschaffen werden kann. Deshalb kann auch in Zukunft die klassische Meßmethode angebracht sein, soweit es sich um Einzelmessungen handelt und soweit ein Protokoll erwünscht ist. Ein weiterer Nachteil der oszillografischen Methode liegt in den Verzeichnungsfehlern und der Strahlunschärfe der Röhre, die meist größer sind als 1 %, während bei der klassischen Methode Instrumente mit nur 0,1 % Meßunsicherheit anwendbar sind. Der große Vorteil der oszillografischen Methode besteht in der hohen Meßgeschwindigkeit. Sie ist bei Serienprüfungen und bei Sortier- und Abgleicharbeiten so entscheidend, daß man versuchen wird, den Nachteil der größeren Meßunsicherheit durch geeignete Meßanordnungen zu kompensieren.

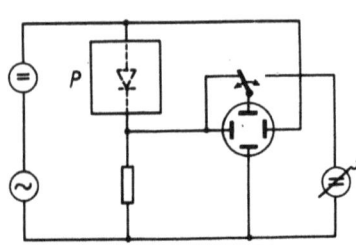 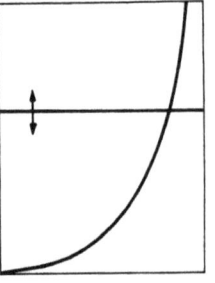

Bild 2a: Einblendung einer einstellbaren Eichlinie

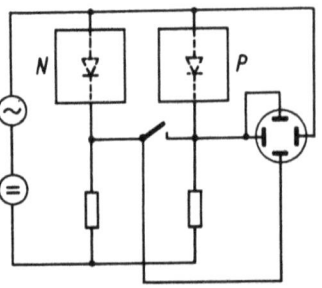 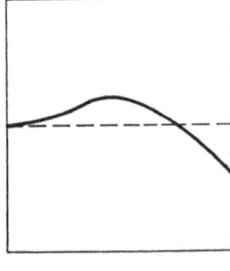

Bild 3a: Differenzmessung von Prüfling und Normal

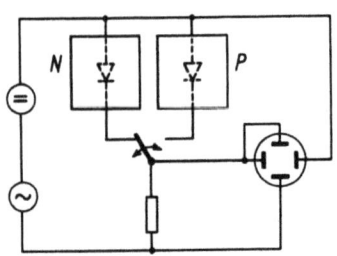 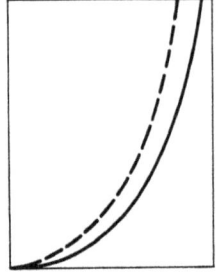

Bild 2b: Gleichzeitige Abbildung der Kennlinien von Prüfling und Normal

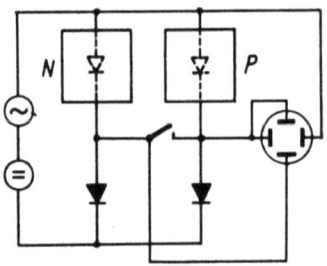 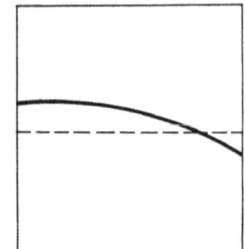

Bild 3b: Darstellung des Quotienten von Prüfling und Normal

Eine erste Möglichkeit hierzu ist im Bild 2a gezeigt. Hier wird, beispielsweise durch periodische Umtastung, eine Eichlinie mitgeschrieben, die von einer Normalspannung herrührt und über einen geeichten Teiler einstellbar ist. So kann man den zu jedem Meßpunkt gehörigen Strom genau bestimmen.

Ein weiterer Schritt wäre die gleichzeitige Abbildung mehrerer Meßlinien, die fest eingestellt sind und definierten Spannungs- oder Stromwerten entsprechen. Baut man diese Einrichtung für beide Ablenkrichtungen ein, so erhält man ein vollständiges Koordinatennetz, das eventuelle Verzeichnungsfehler der Röhre berücksichtigt. Die Meßunsicherheit kann so auf die Unsicherheiten reduziert werden, die durch die Strahlunschärfe und Ablesegenauigkeit gegeben ist.

Soweit nicht die absoluten Werte des Meßobjektes, sondern lediglich die Unterschiede gegenüber einem bekannten Meßobjekt interessieren, ist eine Anordnung nach Bild 2b zweckmäßig. Hier werden die Kennlinien von Prüfling und Normal gleichzeitig aufgezeichnet. Entsprechend kann man auch zwei Normale einblenden, die beispielsweise an den beiden Toleranzgrenzen liegen. Es ist dann sehr leicht feststellbar, ob der Prüfling innerhalb der zulässigen Toleranzen liegt oder außerhalb.

Bei Meßaufgaben, bei denen der Prüfling nur kleinste Abweichungen vom Sollwert aufweisen darf, ist eine Differenzmessung zweckmäßig, bei der dem Oszillografen die Differenz der Meßgrößen zwischen Prüfling und Normal zugeführt wird. Durch entsprechende Verstärkung der Differenzgröße lassen sich so kleinste Unterschiede noch deutlich sichtbar machen. Im Bild 3a ist die zugehörige Schaltung gezeigt. In unserem Beispiel, wo die Meßgröße selbst stark veränderlich ist, ist diese Anordnung unzweckmäßig, falls man sich für die relativen Unterschiede von Prüfling und Normal interessiert. In diesem Fall ist eine Quotientenmessung angebracht. Eine Möglichkeit hierfür ist im Bild 3b gezeigt. Hier ist von der Tatsache Gebrauch gemacht, daß die Spannung verschiedener Halbleiter in sehr weitem Bereich vom Logarithmus des Stromes abhängt. Silizium-Flächendioden zeigen diesen Effekt besonders ausgeprägt und zwar sowohl im Flußgebiet als auch im Zenergebiet. Die Differenz der logarithmierten Ströme ist nun ausschließlich vom Quotienten der Ströme abhängig, so daß das Sichtgerät hierbei mit einer Quotientenskala oder Prozentskala versehen werden kann. Durch entsprechende Verstärkung können auch hier kleinste prozentuale Abweichungen gut sichtbar gemacht werden.

Diese Beispiele sollten zeigen, daß es zahlreiche Möglichkeiten gibt, auch bei Messungen mit dem Sichtgerät zu sehr genauen Messungen zu kommen. Es gibt jedoch auch Meßaufgaben, bei denen es auf sehr große Meßbereiche ankommt. Bei der zuerst gezeigten, linearen Darstellung können höchstens Veränderungen der Meßgröße im Verhältnis 1:100 noch wahrgenommen werden. Sollen stärkere Veränderungen in einem Bild erfaßt werden, so muß man die Meßgröße logarithmisch darstellen. Im Bild 4a und b sind die Schaltungen zur einfach oder doppelt logarithmischen Darstellung gezeigt.

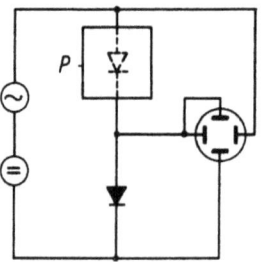 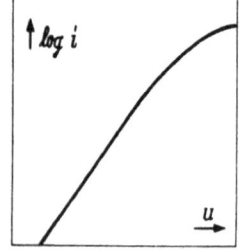

Bild 4a: Einfach logarithmische Darstellung

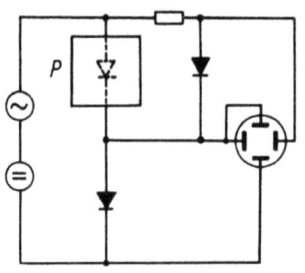 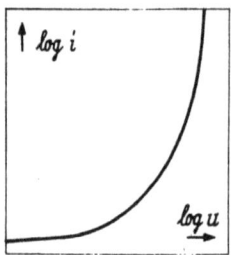

Bild 4b: Doppelt logarithmische Darstellung

Das Sichtgerät als Koordinatenschreiber

Da es möglich ist, nahezu alle physikalischen Größen in davon abhängige elektrische Spannungen oder Ströme zu verwandeln, ist die Anwendung des Sichtgerätes natürlich auf die Darstellung von Gleichspannungen oder Gleichströmen nicht beschränkt. Vielmehr gibt es fast unbegrenzte Möglichkeiten zum Einsatz des Sichtgerätes als Koordinatenschreiber. Es müssen dann lediglich die entsprechenden Wandler zwischengeschaltet werden, die die Meßgrößen in entsprechende Spannungen oder Ströme umformen. Im übrigen bieten sich die gleichen Möglichkeiten zur Dehnung oder Pressung des Maßstabes an, die zuvor geschildert wurden. Die einzige Voraussetzung für den Einsatz des Sichtgerätes bleibt die Forderung, daß der eigentliche Meßvorgang sowie die verwendeten Wandler trägheitsarm sind und somit eine hinreichend rasche periodische Wiederholung der Messung möglich ist.

Im Bild 5 ist ein Beispiel gezeigt, bei dem die Steilheit sowie die Steilheitsphase eines Transistors in Abhängigkeit vom Kollektorstrom geschrieben wird. Dabei wird der Arbeitspunkt durch eine große, niederfrequente Wechselspannung periodisch verschoben. Mit einer kleinen, überlagerten Hochfrequenzspannung wird der Transistor linear ausgesteuert. Im Kollektorkreis wird der überlagerte Hochfrequenzstrom ausgekoppelt und einem Amplituden- und Phasendemodulator zugeführt. Die Demodulatoren verwandeln die interessierenden Meßgrößen in proportionale Gleichspannungen, die mit dem Sichtgerät dargestellt werden.

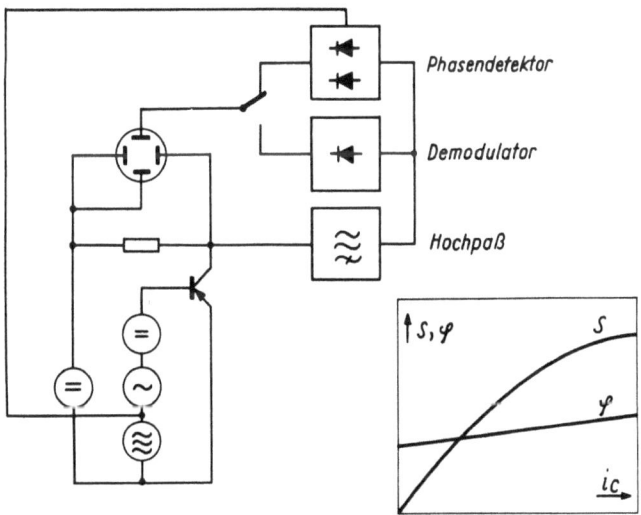

Bild 5: Messung der Steilheit und Steilheitsphase eines Transistors in Abhängigkeit des Collectorstromes

Im Bild 6 wird vom Sichtgerät die Spannungsverteilung längs einer Leitung dargestellt. Die UHF-Spannung wird kapazitiv ausgekoppelt und demoduliert, so daß die y-Auslenkung proportional der örtlichen UHF-Spannung ist. Der x-Auslenkung wird über ein Potentiometer eine dem Winkel bzw. Weg proportionale Gleichspannung zugeführt. Die Anordnung eignet sich zur Bestimmung des Eingangswiderstandes des Prüflings. Bei reflexionsfreiem Prüfling verschwindet die rücklaufende Welle und damit die Welligkeit der Spannungsverteilung.

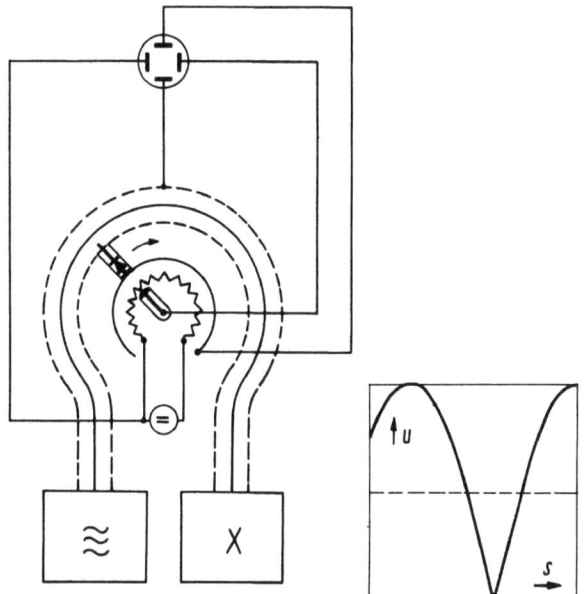

Bild 6: Messung der Spannungsverteilung längs einer Leitung (Ringmeßleitung)

Differentiation und Integration

Innerhalb der kurzen Meßzeiten, die wir zur Voraussetzung gemacht haben, ist eine elektrische Integration oder Differentiation leicht möglich. Damit ergeben sich noch weitere Möglichkeiten für den Einsatz des Sichtgerätes. Im Bild 7a wird die Induktion in einem magnetisierbaren Kern durch Integration der induzierten Spannung einer Prüfspule bestimmt, während die Feldstärke aus dem Erregerstrom ermittelt wird. So wird eine Hystereseschleife des Materials sichtbar gemacht. Im Bild 7b wird die Drehmomentenkurve eines kleinen Bremsmotors abgebildet. Dabei ist mit dem Motor ein Drehzahlmesser gekoppelt, dessen abgegebene Spannung der momentanen Drehzahl proportional ist. Das momentane Drehmoment ist der zugehörigen Drehzahländerung, also dem Differentialquotient der Drehzahl nach der Zeit, proportional. In dem Differenziergied wird eine analoge Spannung gebildet und den Vertikalplatten zugeführt.

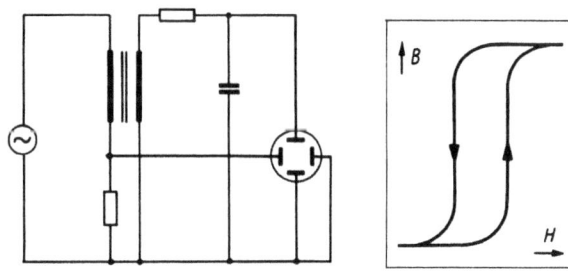

Bild 7a: Messung einer Hystereseschleife

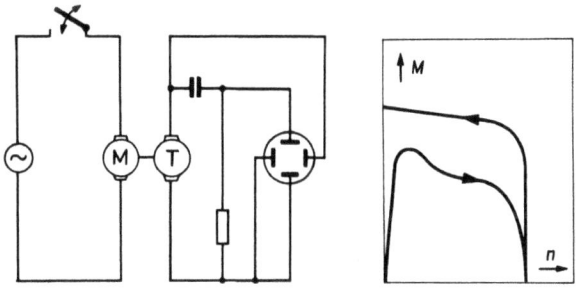

Bild 7b: Messung der Drehmomentenkurve eines Motors in Abhängigkeit seiner Drehzahl

Wobbelmessungen

Bei Meßverfahren der Nachrichtentechnik spielen Darstellungen des Amplituden-, Phasen- oder Laufzeitganges in Abhängigkeit der Frequenz eine bedeutende Rolle. Auch hierbei wird das Sichtgerät zur Aufzeichnung immer häufiger eingesetzt. Besonders bei Abgleicharbeiten lassen sich hierbei ganz erhebliche Zeitersparnisse erzielen, da die Wirkung jeder Änderung auf dem Sichtgerät sofort sichtbar wird. Kleine Abweichungen vom Sollwert lassen sich in ganz analoger Weise zu dem geschilderten Kennlinienschreiber sichtbar machen. In vielen Fällen ist hierbei jedoch das gewünschte Ergebnis eine Unabhängigkeit der Meßgröße von der Frequenz, so daß oft eine Nullpunkt-Unterdrückung und eine damit verbundene Dehnung des interessierenden Bereiches ausreichend ist. Bleibt die gesendete Größe in Abhängigkeit der Frequenz nicht vollständig konstant, so muß entweder der Sender geregelt werden oder man muß die Differenz oder den Quotienten von Sende- und Empfangsgröße zur Abbildung bringen.

Zur Darstellung großer Amplituden-Bereiche kann man auch hier die log. Darstellung anwenden. Bei sehr großen Amplitudenbereichen, wie sie bei der Dämpfungsmessung von Filtern vorkommen, muß die Empfangsspannung wegen der überlagerten Störspannung selektiv empfangen werden. Auch solche Messungen lassen sich mit dem Sichtgerät durchführen, wenn die Empfangsfrequenz des Empfängers synchron mit der Sendefrequenz gewobbelt wird. Im Bild 8 ist eine entsprechende Meßanordnung gezeigt. Der Empfänger arbeitet als Überlagerungsempfänger mit der hochliegenden Zwischenfrequenz f_z. Die Frequenz f_o des Oszillators I liegt um die jeweilige Empfangsfrequenz f_e oberhalb der Zwischenfrequenz f_z. Die Sendefrequenz wird als Differenzfrequenz der Oszillatorfrequenzen f_o und f_z gebildet und stimmt damit unabhängig von f_o mit der jeweiligen Empfangsfrequenz überein. In der ZF-Ebene des Empfängers liegt ein logarithmielrender Verstärker. Die x-Auslenkung erfolgt über einen Diskriminator, der eine der Frequenz proportionale Spannung abgibt. Amplitudenbereiche bis zu etwa 1:20 000 entsprechend 10 N lassen sich auf einem Bild gleichzeitig darstellen. Der Empfänger kann auch mit fremden Spannungen gespeist werden. Er wirkt dann als Analysier-Empfänger.

Zusammenfassung

Es wurde gezeigt, daß das Sichtgerät sich in vielen Fällen als Koordinatenschreiber zur Aufzeichnung verschiedenartigster Funktionen $y = f(x)$ verwenden läßt. Die Vorteile seiner hohen Schreibgeschwindigkeit kommen voll zur Geltung, wenn der funktionelle Zusammenhang der Meßgrößen nicht oder nur wenig träge ist. Insbesondere bei der Serienprüfung und Sortierung sowie bei Abgleicharbeiten ergibt die Sichtgerätmessung erhebliche Zeitersparnisse. Ferner werden wegen des stetigen Meßverfahrens Unstetigkeiten des Kurvenverlaufes sicher erkannt, während sie bei punktweisen Messungen oft übersehen werden. Bei allmählichen Änderungen der Betriebsbedingungen, beispielsweise der Temperatur, wird bei dem raschen und periodisch wiederholten Meßvorgang die jeweils gültige Meßkurve aufgezeichnet, während man bei einem trägen Meßverfahren zu einem falschen Kurvenverlauf kommt. Spontane Veränderungen des Prüflings, beispielsweise als Folge schlechter Kontaktgabe, werden mit der oszillografischen Meßmethode leichter erkannt. Ferner sind wegen des raschen Ablaufs der Messung Untersuchungen in Gebiete hinein möglich, in denen bei stationärem Betrieb der Prüfling überlastet wäre.

Von zweifelhafterem Vorteil dagegen ist der Umstand, daß mit dem Sichtgerät auch sehr rasche Veränderungen der Meßgröße angezeigt werden. Soweit es sich hierbei um überlagerte Störspannungen handelt, die nicht vorhanden sein dürfen, mag es ein Vorteil sein, wenn sie erkannt werden. Soweit es sich hingegen um periodische oder statistische Störungen handelt, die bei der Empfindlichkeit des Meßverfahrens unvermeidlich sind, ist es ein Nachteil, der sich in einer statistischen Schwankung des Strahles um den gesuchten Mittelwert auswirkt. Besserung bringt hier nur ein Tiefpaß-Siebglied vor dem Sichtgerät, mit dem natürlich die mögliche Schreibgeschwindigkeit und damit auch die zulässige Meßgeschwindigkeit herabgesetzt wird. In Grenzfällen kann dabei die erzielbare Meßgeschwindigkeit und Wiederholungsfrequenz so klein werden, daß die Vorteile des Sichtgerätes zweifelhaft werden und die Verwendung von Zeigerinstrumenten, von Schreibern oder von Oszillografen mit Bildspeicherung sinnvoller ist. Das gleiche gilt natürlich für Meßvorgänge, die von Natur aus träge ablaufen müssen.

Trotzdem bleibt der Anwendung von Sichtgeräten ein sehr breites Anwendungsfeld, das trotz der zunehmenden Beliebtheit dieses Meßverfahrens auch heute erst zu einem sehr kleinen Teil ausgeschöpft sein dürfte.

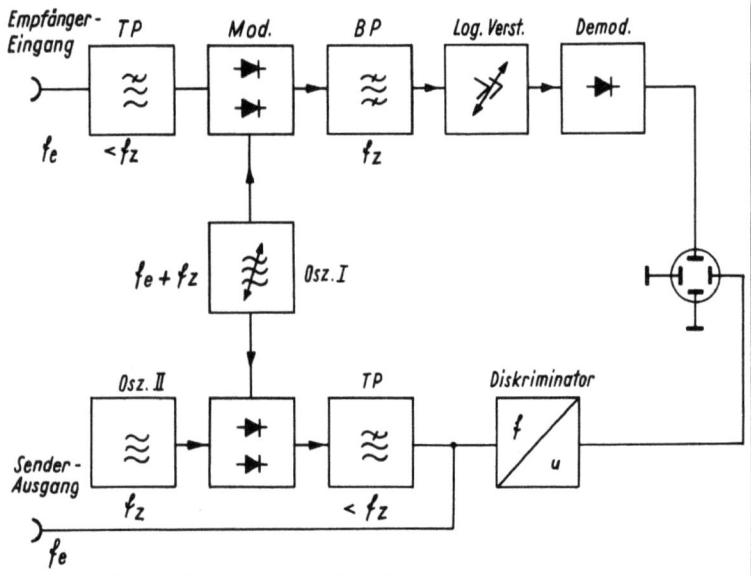

Bild 8: Wobbel-Meßplatz oder Analysier-Empfänger mit log. Darstellung

EIN RASTERKURVENSCHREIBER UND SEINE ANWENDUNG

Schunack, Berlin

Mit 1 Bild

In der praktischen Oszillographentechnik ist häufig der Wunsch nach großen Schirmbildern aufgetreten und hierbei zunächst an die Verwendung von Fernsehbildröhren gedacht worden, die bis zu Bilddiagonalen von mehr als einem halben Meter vorliegen. Sie unterscheiden sich von den konventionellen Oszillographenröhren mit statischer Ablenkung des Elektronenstrahles durch die Verwendung der magnetischen Ablenkung. Es sind also den Signalwerten proportionale Ströme in den Ablenkspulen erforderlich anstelle der entsprechenden Ablenkspannungen. Bei der Wiedergabe von Kurvenzügen, welche Schwingungsanteile im Frequenzbereich von mehreren kHz enthalten, treten an den Ablenkspulen bereits beachtliche Gegenspannungen auf - sie werden im Fernsehempfänger zur Beschleunigung der Elektronen des Strahles verwendet - und machen eine formgetreue Verstärkung der Meßwerte unmöglich.

Einen abweichenden Weg geht der Rasterkurvenschreiber. Es wird der wiederzugebende Kurvenzug - oder auch eine Mehrzahl - in das Raster auf dem Schirm einer Fernsehbildröhre als Helligkeitsmodulation eingezeichnet. Als Beispiel wird die Wobblung des Frequenzganges eines Fernsehempfängers betrachtet. Das Raster wird entsprechend der heute üblichen Norm mit 625 Zeilen je Bild und 25 Bildern je Sekunde bei einfachem Zeilensprung geschrieben, also mit Halbrasterfrequenz von 50 Hz. Zur Gewinnung eines in diesem Raster stillstehenden Kurvenzuges muß der Meßvorgang phasenstarr mit der Bildablenkung des Fernsehrasters gekoppelt sein. Die Wobblung der Frequenz des Meßgenerators erfolgt mit 50 Hz und beginnt zweckmäßig am Anfang des Fernsehrasters, d.h. an der obersten Zeile des Bildes. Die zeitliche Frequenzänderung des Wobbelgenerators wird konstant gewählt, die Frequenz selbst ist proportional der Zeit und eine gleichmäßige Verteilung der Frequenzbereiche auf dem Schirm der Bildröhre wird gewonnen. Die Frequenzachse der Wobbelkurve ist also die Richtung der Bildablenkung des Fernsehrasters, d.h. gegenüber der konventionellen Oszillographentechnik um $90°$ gedreht. Durch Drehung der Bildröhre kann der gewohnte Bildeindruck gewonnen werden. Während jeden Halbrasters des Zwischenzeilenbildes wird somit der Prüfling, z.B. der Zwischenfrequenzverstärker eines Fernsehempfängers, von einer Sinusschwingung konstanter Größe und veränderlicher Frequenz angesteuert. Zur Erzeugung eines Bezugspegels für die Amplitude Null wird zweckmäßig während des Bildrücklaufes des Fernsehgerätes für die Wiedergabe der gewobbelte Träger auf Null getastet. Am Ausgang des Videogleichrichters wird eine Spannung gewonnen, die der Verstärkung proportional ist. Aus ihr wird die Aufzeichnung auf dem Schirm der Bildröhre abgeleitet. Da die Amplitudenwerte in Zeilenrichtung wiedergegeben werden, werden in jeder Zeile aus ihnen z.B. proportionale Zeitintervalle erzeugt. An deren Ende erfolgt die Auftastung des Elektronenstrahles und damit die Erzeugung der Leuchterscheinung. Diese zeilenfrequente Abfragung des Meßwertes ermöglicht ein Pulsphasenmodulator. In der Multiarschaltung wird der Vergleich des Meßwertes mit einer zeilenfrequenten Sägezahnspannung vorgenommen. In dem Augenblick, in dem beide Spannungen gleich sind, wird ein Impuls ausgelöst, der nach entsprechender Umformung die Helligkeit auf dem Schirm für die Dauer eines Bildpunktes - ungefähr 10^{-7} Sekunden - auslöst. Mit einer derartigen Anordnung werden hohe Gütegrade der Linearität - besser als 1 % der Maximalamplitude - erreicht.

Da die gesamte Bildfläche des Rasters für die Aufzeichnung zur Verfügung steht, kann eine Mehrzahl von Kurven gleichzeitig und unabhängig voneinander wiedergegeben werden. Hierbei wird die Helligkeit der einzelnen Kurvenzüge nicht verringert, wie das bei einem üblichen Oszillographen unter Verwendung mehrfacher Elektronenschalter geschieht. Die verschiedenen Meßwerte werden dann getrennten Pulsphasenmodulatoren zugeführt und die diesen entnommenen Helltastimpulse additiv zusammengesetzt. Die Helligkeit der einzelnen Kurven kann hierbei unabhängig voneinander gewählt werden, so daß auf diese Art eine leichte visuelle Trennbarkeit gegeben ist. So ist es möglich, bei einem Abgleich des Frequenzganges neben dem Meßwert einen anzustrebenden Sollwert und gegebenenfalls auch die Abweichung von diesem aufzuzeichnen. In einer anderen Form können Grenzkurven eingetragen werden, zwischen denen die abzugleichende Kurve liegen soll. Auch ist es möglich, an verschiedenen Stellen des Prüflings Meßwerte zu entnehmen, wie am Eingang des Tuners eines Fernsehempfängers zur Kontrolle der Anpassung, am Ausgang des Tuners und des Zwischenfrequenzverstärkers. Sollen sehr stark voneinander abweichende Amplitudenwerte wiedergegeben werden - z.B. Frequenzgang des ZF-Verstärkers eines Fernsehempfängers und besonders dessen Fallen für die Unterdrückung der Nachbarkanalsendungen -, so wird ein Kurvenzug für die Darstellung des gesamten Durchlaßvermögens verwendet und in einem zweiten der Bereich starker Dämpfung nach einer Dehnung um den Faktor 10 aufgezeichnet. Man kann in diesem Falle von einer "Lupe" sprechen.

Zur zahlenmäßigen Auswertung der Meßergebnisse sind verschiedene Verfahren möglich. Eine punktweise Eichung kann durch Anlegen einer genau zu messenden, regelbaren Gleichspannung an den Eingang des Pulsphasenmodulators durchgeführt werden. Von großem Nutzen ist das Einzeichnen eines mehr - z.B. 10 - stufigen Eichrasters aus gleich großen Amplitudenunterschieden. Diese werden dargestellt durch eine Reihe zeitlich äquidistanter Impulse. Sie werden gewonnen durch den Start-Stop-Betrieb eines vom Zeilengleichlaufimpuls ausgelösten Multivibrators oder Sperrschwingers hoher Frequenz, aus dessen Signalfronten durch Differentiation Nadelimpulse zur Helltastung abgeleitet werden. Die Zahl der Stufen kann durch Ändern der Frequenz des Schwingungsgebildes geändert werden. Nichtlinearitäten von Röhren oder anderen Schaltelementen können die Gleichmäßigkeit der Abstufungen nicht beeinflussen. Amplitudenraster mit ungleichen Abstufungen, z.B. in dB-Eichung, werden mit Laufzeitketten gewonnen. An den Eingang einer vielgliedrigen Laufzeitkette hoher Grenzfrequenz wird ein kurzer Impuls von Zeilenfrequenz gegeben. Entsprechend der Laufzeit auf der Kette können an den einzelnen Gliedern zeitlich gegeneinanderverschobene Impulse abgenommen werden und zur Helligkeitstastung dienen. Auch diese Amplitudenmarken werden nicht von Röhren oder ähnlichen Schaltelementen beeinflußt, sondern lediglich durch die Elemente der Laufzeitkette, die mit genügender Genauigkeit und Konstanz hergestellt werden können. Die Einblendung der Eichmarken oder Sollkurven in das Bildfeld bringt zwei wesentliche Vorteile gegenüber dem konventionellen Oszillographen mit sich: Fehler durch Vorsetzen von Schablonen und die damit verbundene Parallaxe entfallen beim Rasterkurvenschreiber ebenso wie Nichtlinearitäten der Ablenkeinrichtungen usw.

Die Erzeugung von Eichmarken für vorgegebene Frequenzen bei der Wobblung wird durch Anregung von Quarzfiltern mit dem Wobbelsignal erreicht, es sind also sehr genaue passive Marken. Durchläuft der Wobbelgenerator die Frequenz eines der Quarze, so wird ein Impuls ausgelöst. Er wird elektronisch auf die Dauer einer Zeile verlängert und tastet während dieser Zeit den Elektronenstrahl der Bildröhre auf. Auf ihrem Schirm entstehen senkrechte helle Linien, die sich in Richtung der Zeile über das ganze Bildfeld erstrecken.

Amplituden- und Frequenzeichmarken bilden ein feststehendes Linienraster. Es ist unabhängig von den aufgezeichneten Kurvenzügen. Bild 1 zeigt die Photographie eines Schirmbildes der Wobblung des ZF-Verstärkers eines Fernsehempfängers. Der Wobbelhub beträgt hierbei ungefähr 12 MHz, so daß eine Zeile der Frequenzdifferenz von ungefähr 50 kHz entspricht. Diese sehr hohe Auflösung, die auch entsprechend der Zerlegung in 625 Zeilen für die Meßwerte vorliegt, ist klar erkennbar.

In der praktischen Ausführung wird die Wobblung zweckmäßig von dem Synchronsignal des Fernsehrasters gesteuert, das sowohl die Bild - wie auch die Zeilengleichlaufsignale enthält. Fügt man zu diesem Gleichlaufsignalgemisch als Helligkeitssignal additiv die Eichlinien und Meßwerte hinzu, so ergibt sich ein vollständiges videofrequentes Fernsehsignal (BAS). Es kann direkt zur

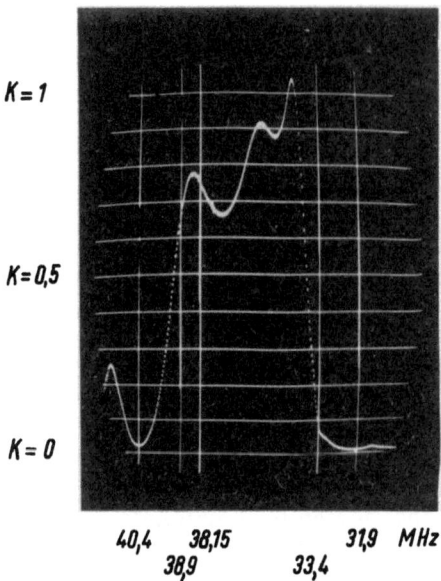

Bild 1: Photographie des Schirmbildes der Wobblung eines Fernsehempfängers

Steuerung der Videoendstufe eines normalen Fernsehempfängers dienen. Aus ihm werden dann der Bildaufbau und die Einzeichnung der Kurvenzüge abgeleitet. Bei Wiedergabe einer Vielzahl von Kurvenzügen ist die Verwendung einer Farbbildröhre von großem Vorteil, die eine visuell bessere Übersichtlichkeit liefert.

Die Bindung der Wobblung an die Frequenz 50 Hz des Halbrasters des Fernsehbildes kann dann nicht durchgeführt werden, wenn Übertragungskanäle mit sehr steilen Durchlaßkurven besonders im Tonfrequenzbereich durchgeführt werden sollen. Die Wobbelfrequenz muß dann auf 1 Hz und weniger reduziert werden. Eine normale Fernsehbildröhre mit einer Nachleuchtdauer des Schirmes von 1 msec liefert dann kein zusammenhängendes übersichtliches Bild mehr, sondern es wird in jedem Augenblick nur ein geringer Anteil des ganzen Bildes sichtbar. In diesem Falle wird eine Bildröhre mit einem Schirmmaterial hoher Nachleuchtdauer - einige Sekunden - verwendet, wie sie in den Radarröhren verwendet werden oder auch in Fernsehbildröhren aufgetragen werden können. Die Zeilenablenkung erfolgt auch in diesem Falle mit der fernsehüblichen Frequenz von 15.625 Hz. Es ist dann möglich, die in großen Stückzahlen hergestellten normalen Bauteile, wie Zeilentransformatoren zur Hochspannungserzeugung und Ablenkeinheiten, zu verwenden. Die zeitproportionale Ablenkung in Richtung der Frequenzachse erfolgt dann über einen Transistorverstärker.

Die Verwendung eines Rasterkurvenschreibers für die Frequenzgangwobblung ist nur ein Beispiel. Er kann auch für viele andere Aufgaben mit Erfolg verwendet werden. So können beispielsweise auf einer großen Bildfläche im Operationsraum für den medizinischen Mitarbeiterstab das Elektrokardiogramm, Elektroencephalogramm und der Blutdruck gleichzeitig übersichtlich wiedergegeben werden. Auch für eine Vielzahl sich gegenseitig auslösender Arbeitsvorgänge, z.B. in Steueranlagen, ist er besonders gut verwendbar.

RATIONALISIERUNG UND AUTOMATISIERUNG VON PRÜFARBEITSGÄNGEN BEI DER KLEINSERIENHERSTELLUNG VON RELAIS

(Diskussionsbeitrag zum Thema "Rationalisierung und Automatisierung in der Meßtechnik")

W. Schröder [*], Eilvese

Mit 2 Bildern

Bei den ständig wachsenden Ansprüchen an die elektrischen Werte von Bauelementen (hier Relais) machen die Prüfkosten einen wesentlichen Teil der gesamten Herstellungskosten aus. Um diese Kosten zu verringern und gut eingearbeitete Kräfte für andere Arbeiten freizubekommen, bei denen die menschliche Arbeitskraft schwieriger durch einen Automaten zu ersetzen ist, wurde die nachstehend beschriebene, zunächst halbautomatisch arbeitende Prüfeinrichtung entworfen. Die Ein- und Ausgänge der Einrichtung sind so ausgelegt, daß einem Ausbau auf Vollautomatik durch automatische Zuführung der Prüflinge und ausgangsseitige selbsttätige Sortierung nichts im Wege steht; die Einzelprüfgeräte sind von Hand auf die zu prüfenden Werte in dreistelligen Zahlen einstellbar, es sind aber bereits die Eingänge für Fütterung mit Lochkarten oder -streifen vorhanden, ebenso für die Programmwahl.

Sollwert durch Ansprechen reagieren. Die Kontakte der Meßrelais geben die Prüfergebnisse als binäre Signale an das zentrale Steuergerät.

Im zentralen Steuergerät wird an Hand des durch einen Kreuzschienenwähler eingegebenen Prüfprogrammes von dem Gerät selbst zunächst festgelegt, welche Prüfgeräte es abfragen muß (mit Hilfe des Prüfmethodenwählers) und welche Ein- und Ausgänge des Prüflings es abfragen muß (mit Hilfe des Prüflingsausgangswählers). Die nicht benutzten Wählerstufen werden durch die Eigensteuerung der Wähler sehr rasch übersprungen, während der Meßtakt durch einen eingebauten Taktgeber abgegeben wird, der in weiten Grenzen einstellbar ist. Normalerweise wird mit einem Meßtakt von 20 ms bei einem Impuls-Leer-Verhältnis von 10 ms : 10 ms gearbeitet. Der Prüflingsausgangswähler legt nacheinander alle bei der betreffenden Prüfart erforderlichen Ein- und

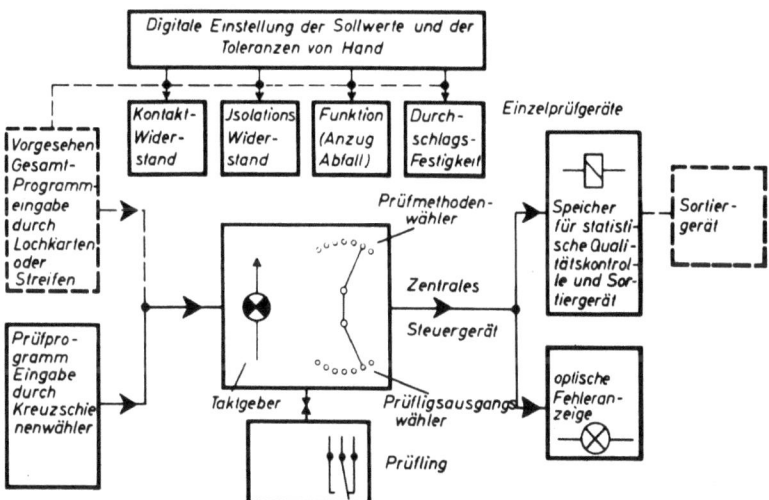

Bild 1: Prüfeinrichtung, Blockschaltbild

Bild 1 zeigt die Gesamtschaltung der Einrichtung. Für jeden zu prüfenden Wert ist ein Einzelprüfgerät vorhanden (diese Einzelgeräte sind im übrigen auch unabhängig von der gesamten Einrichtung verwendbar). Die Einzelprüfgeräte werden durch drei dekadische Stufenschalter auf die Sollwerte des Prüflings laut Bauvorschrift eingestellt; der Stellenwert wird durch einen weiteren, mit Zehnerpotenzen markierten Stufenschalter eingegeben. Ausgangsseitig ergeben alle Prüfgeräte (zum Teil über Verstärker) analoge Gleichstromsignale an die Meßrelais (Große Rundrelais 26 nach DIN 41 221) ab, von denen bei jedem Gerät fünf vorhanden sind.

Die Meßrelais werden ihrerseits durch Stufenschalter so eingestellt, daß sie im Bereich von ± 20 % vom Sollwert je nach Schalterstellung auf alle ganzzahligen prozentualen Abweichungen vom

Ausgänge (Spulen- und Kontaktanschlüsse) über seine eigenen Arme und die des Prüfmethodenwählers an die Eingänge des betreffenden Prüfgerätes. Das Prüfgerät prüft und gibt bei einem Meßergebnis innerhalb der eingestellten Toleranz durch die Meßrelaiskontakte den Weiterlauf der Wähler frei. Ist die Toleranz überschritten, so öffnet es den Antriebsstromkreis der Wähler hinter dem Taktgeber und setzt beide still. Gleichzeitig wird ein hörbares Signal ausgelöst und die Stellung der beiden Wähler und der Meßrelais mit Hilfe von Anzeigelampen kenntlich gemacht. Die Bedienungsperson hat lediglich in den bereitliegenden Klebezettel einzutragen: Fehlerart (z.B. Kontaktwiderstand), Fehlerort (z.B. Federn 6 und 7) und Fehlergröße (z.B. +12 %); danach löst sie den Weiterlauf der Wähler aus, wobei die optischen Anzeigen und das Hörsignal verschwinden. Sollten weitere Fehler auftreten, so vermerkt sie diese in derselben Weise auf dem Klebezettel und klebt ihn nach dem Ende der Prüfung des betreffenden Prüflings an

---

[*] Freier Mitarbeiter der W. Gruner KG., Relaisfabrik, Wehingen/Württ.

diesen an und sortiert ihn in die für die Fehlerart bereitstehende Kiste. Gut geprüfte Relais kommen auf das zum Packraum führende Band.

Es ist vorgesehen, daß die Eingabe der Sollwerte und der Toleranzen später mit Lochkarten oder -streifen erfolgen kann; ebenso die Eingabe des Programmes, so daß die Fehlermöglichkeiten beim Einstellen des zentralen Steuergerätes und der Einzelprüfgeräte an Hand der Bauvorschrift durch das einfache Einführen einer Lochkarte oder eines Lochstreifens für die betreffende Type von Relais ausgeschaltet werden. Ausgangsseitig sind die Signale so gestaltet, daß ein Sortiergerät angeschlossen werden kann, das die Relais je nach Prüfergebnis in Gut- und verschiedene Fehlerkisten sortiert.

Es stehen also sogleich nach Ende der Messungen ohne weitere Additions- und Rechenarbeit Angaben über die Ausschuß- und Nacharbeit-Prozentzahl zur Verfügung und, was sehr wichtig ist, Angaben über die Schwankungsbreite der Fertigung und die Tendenz der Qualität.

Im Bild 2 werden die eben beschriebenen Arbeitsgänge in einem Zeitdiagramm dargestellt, das die Verknüpfung der Vorgänge und Geräte verdeutlicht.

Die soeben beschriebene Prüfmethode hat wesentliche Ersparnisse an Prüfzeiten und -kosten gezeigt und gleichzeitig eine erfreuliche Übersichtlichkeit des Gesamtergebnisses mit sich gebracht. Das zentrale Steuergerät ist so eingerichtet, daß es mit allen Prüfgeräten zusammenarbei-

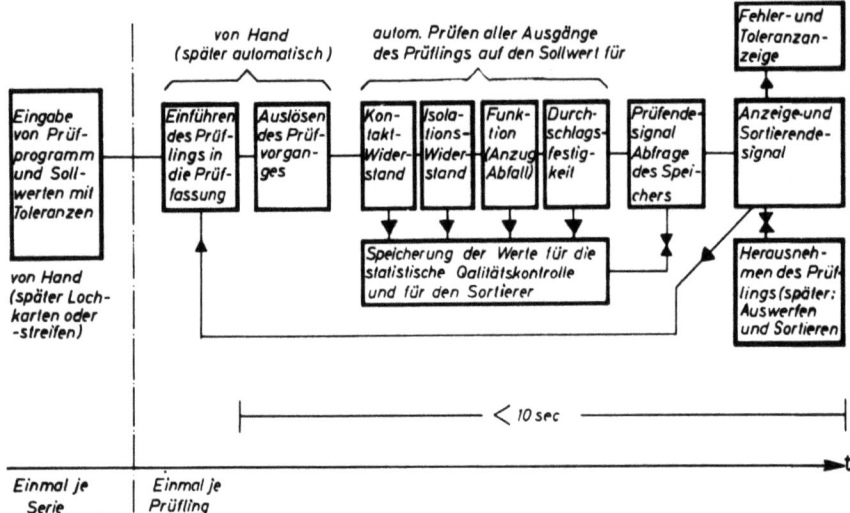

Bild 2: Prüfeinrichtung, Zeit- und Funktionsdiagramm

Es ist dafür gesorgt, daß die gemessenen Werte der Betriebsführung für die Auswertung unmittelbar nach dem Ende der Messung zur Verfügung gestellt werden. Die Signale der Meßrelais der Einzelprüfgeräte werden in einem Speicher mit Zählern registriert, so daß nach Ende des Prüfens einer Lieferung folgende Zahlenwerte abgelesen werden können:

a) Zahl der Prüflinge
b) Zahl der Prüfungen
c) Zahl der guten Prüflinge
d) Zahl der ausgefallenen Prüflinge
e) Gesamtzahl der Fehler
f) Zahl der Fehler je Prüfmethode
g) Zahl der Prüflinge in jedem eingestellten Toleranzbereich bei jeder Prüfmethode

ten kann, wenn diese die folgenden Bedingungen erfüllen:

Messen und Abgabe des Ergebnisses innerhalb 10 ms; Abgabe des Ergebnisses als Ja-Nein-Aussage von ein bis fünf (ggf. mehr) Arbeitskontakten.

Da sich die Prüfgeräte für fast alle elektrischen Größen und auch für die mit Meßgebern in elektrische Größen umzusetzenden anderen physikalischen Größen entsprechend einrichten lassen, läßt sich die Einrichtung für viele Messungen und Prüfungen an Massenteilen aller Art in großen und kleinen Serien mit Vorteil verwenden und rechtfertigt dadurch und durch die Hergabe von Informationen über die Qualität und ihre Tendenz ihre relativ hohen Beschaffungskosten.

AUTOMATISCHE PRÜFUNG VON TRÄGERFREQUENZGERÄTEN

H. Beckstroem, Berlin

Mit 3 Bildern

Automaten zum Prüfen und Messen sehr großer Stückzahlen an Bauteilen, Rundfunk-, Fernsehgeräten und dergleichen sind in den letzten Jahren durch zahlreiche Veröffentlichungen bekannt geworden. Hier soll über eine Automatisierung der Prüfung kommerzieller Nachrichtengeräte, und zwar von Trägerfrequenz-Fernsprechgeräten berichtet werden.

Von solchen Geräten werden enge Toleranz der elektrischen Eigenschaften und große Betriebssicherheit erwartet. Das bedeutet: Bei der Endprüfung, vor Auslieferung an den Kunden, müssen umfangreiche Meßreihen durchgeführt werden. Diese Arbeiten sind langwierig und setzen hochwertige Fachkräfte voraus; die Ergebnisse sind subjektiv, also von der Unzulänglichkeit des Menschen abhängig. Man kann die Zuverlässigkeit steigern, teueres Personal von Routinearbeit befreien und die Prüfkosten senken, wenn man selbsttätig arbeitende Prüfeinrichtungen einsetzt. Die automatische Prüfung soll bei Massenartikeln in erster Linie Lohnkostenersparnis bringen. Bei Trägerfrequenzgeräten soll sie vor allem eine höhere Zuverlässigkeit und objektive Werte ergeben. Ferner ist die Notwendigkeit, bei der Vielzahl der nötigen Operationen häufig umzudenken, eine Fehlerquelle, die bei Automatisierung vermieden werden kann. Der Prüfautomat läßt sich für ein variables Programm einrichten, so daß ein Wechseln des Gerätetyps möglich ist.

Es soll als Beispiel ein Prüfautomat erklärt werden, der seit längerer Zeit in Betrieb ist. Dieser Automat wurde für die Prüfung einer bestimmten Art von Trägerfrequenzgeräten entwickelt, die mit relativ großen Stückzahlen gefertigt werden und deren Prüfung ein sehr umfangreiches Meßprogramm erfordert. Der Automat führt selbständig alle Meßvorgänge der Endprüfung durch. Während des selbsttätigen Ablaufes können am Prüfling Einstellungen vorgenommen werden. Das Meßergebnis wird in Form einer Ja-/Nein-Aussage ausgewertet. Aus dem Meßprogramm dieses Automaten seien folgende Messungen besonders hervorgehoben: Dämpfung und Verstärkung in Abhängigkeit von der Frequenz, Pegel bis zu -11 N (also ~ 10 μV), Verzerrung von Telegrafiezeichen, Geräuschspannung, Anpassung und Kathodenströme. Diese Meßvorgänge sind in das Steuerprogramm eingegeben, das aus einem Hauptprogramm und einigen Unterprogrammen aufgebaut ist. Kontrollschritte, fest in das Steuerprogramm eingearbeitet, prüfen vor jeder neuen Meßart, also mehrfach während eines Meßumlaufes, die richtige Arbeitsweise des Automaten.

Das erste Bild zeigt das Grundprinzip einer automatischen Messung, wie es in diesem Prüfautomaten angewendet wird. Als Beispiel sei die Mes-

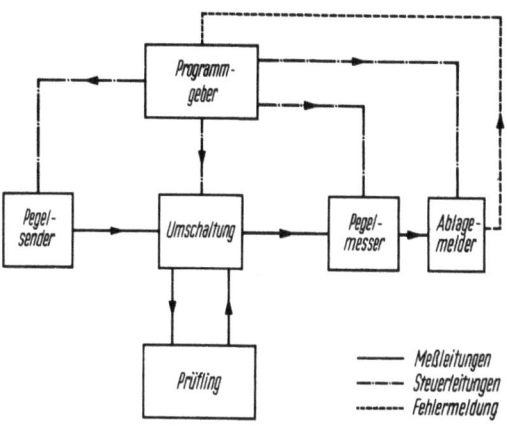

Bild 1: Grundprinzip einer automatischen Messung

sung der Verstärkung gewählt. Der Programmgeber, das ist die zentrale Steuereinrichtung, erteilt entsprechende Befehle an den Pegelsender, den Pegelmesser und die Umschaltung. Der Sender gibt danach eine Spannung mit der gewünschten Amplitude und Frequenz ab, der Pegelmesser ist auf den erforderlichen Meßbereich geschaltet, und die Umschaltung verbindet die eben genannten Meßgeräte mit dem Prüfling. Ein Ablagemelder, dem Anzeigeinstrument im Pegelmesser parallelgeschaltet, formt den angezeigten Meßwert in eine Ja-/Nein-Aussage um. Wird die zulässige Toleranz überschritten, die der Programmgeber dem Ablagemelder vorgegeben hat, dann gibt dieser eine Fehlermeldung an den Programmgeber. Dieser bringt optisches und akustisches Zeichen und sperrt die Weiterschaltung zum nächsten Programmpunkt.

Auf dem zweiten Bild ist die Prinzipschaltung des vollständigen Prüfautomaten zu sehen. Die vorher gezeigte Grundschaltung wiederholt sich hier mehrfach. Eine Anzahl von Meßgeräten, alle in ihren Funktionen fernsteuerbar, wird von dem Programmgeber dirigiert. Mehrere Ablagemelder können über eine gemeinsame Leitung Fehler an den Programmgeber zurückmelden.

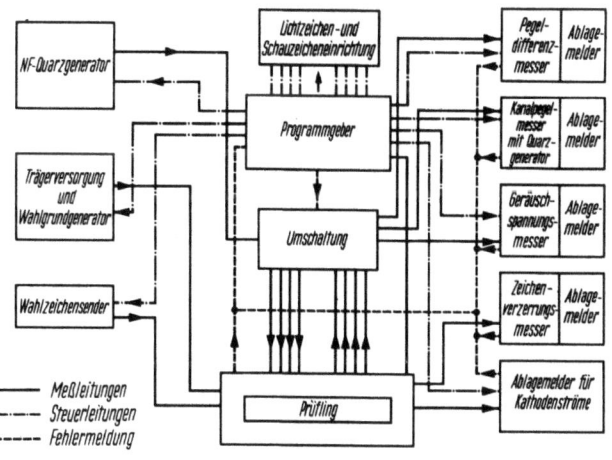

Bild 2: Prinzipschaltung der automatischen Prüfeinrichtung für Kanalumsetzer

Die Lichtzeichen- und Schauzeichen-Einrichtung kennzeichnet den jeweiligen Meßschritt und speichert Fehlermeldungen.

Eine automatische Prüfung geht etwa folgendermaßen vor sich: Nach dem Drücken einer Starttaste gibt der Programmgeber Steuerbefehle in einem Takt von 2,5 s ab. Die Verweilzeit ist in Einschwingzeit (= 2 s) und Auswertzeit (= 0,5 s) unterteilt, wobei die Einschwingzeit die Abgabe des Steuerbefehles, das Aufbauen der Schaltung und das mechanische Einschwingen der Meßinstrumente umfaßt. Erweist sich der Prüfling bei einer Messung als fehlerhaft, d.h. ist eine zulässige Toleranz überschritten, dann wird die Fortschaltung angehalten, der fehlerhafte Meßschritt in der Lichtzeichen- und Schauzeichen-Einrichtung angezeigt und registriert. Nur wenn der Fehler beseitigt ist, kann die Fehlermeldung gelöscht werden und der Automat wieder selbsttätig weiterlaufen. Ist der Prüfling fehlerfrei, schaltet der Automat nach dem letzten Prüfschritt die Weiterschaltung ab und meldet: "Messung beendet". Zur Anpassung an ähnliche Prüflingstypen können in einem Schaltfeld der Umfang des Meßprogrammes und die Ansprechgrenzen der Ablagemelder geändert werden. Bei einem grossen Meßprogramm mit z.B. 120 Meßschritten dauert die automatische Prüfung eines Gerätes 5 Minuten.

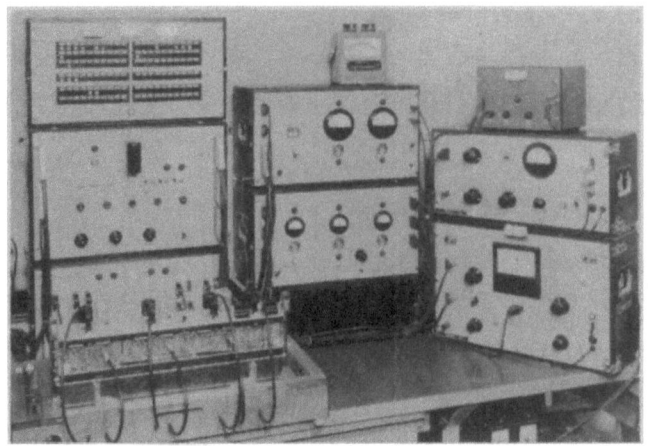

Bild 3: Teil einer automatischen Prüfeinrichtung

Das dritte Bild zeigt einen Teil dieses Prüfautomaten, und zwar Programmgeber mit Lichtzeichen- und Schauzeichen-Einrichtung, Umschaltung, Geräteaufnahme mit dem Prüfling, Meßgeräte mit den Anzeigeinstrumenten und Ablagemelder.

Die Weiterentwicklung der beschriebenen Verfahren hat zum Ziel, Einrichtungen von so universeller Art zu schaffen, daß mit diesen eine möglichst große Anzahl auch unterschiedlicher Gerätetypen geprüft werden kann.

VERFAHREN ZUR AUTOMATISCHEN DÄMPFUNGSPRÜFUNG *)

G. Waitz, Stuttgart

Mit 3 Bildern

Inhaltsangabe

Es werden zwei Verfahren zur automatischen Dämpfungsprüfung erläutert:

a) Frequenzabhängige Restdämpfungsprüfung von TF-Kanälen;

b) Dämpfungsprüfung von Übertragungsstrecken.

Einleitung

Bei der Prüfung von übertragungstechnischen Einrichtungen und der Überwachung von Übertragungsstrecken im Landesfernwahlnetz ist eine Vielzahl von Dämpfungsmessungen erforderlich [1, 2].

Im folgenden wird beschrieben, wie bei den teilweise sehr umfangreichen Prüfarbeiten automatische Verfahren angewandt werden können.

Automatische Restdämpfungsprüfung

Bei der Endprüfung von Mehrkanal-Trägerfrequenz-Einrichtungen, z.B. der Kanalumsetzer V 120, muß neben anderem die frequenzabhängige Restdämpfung im Sprachfrequenzbereich jedes Kanals geprüft werden. Bei konstantem Pegel am Eingang eines Trägerfrequenz-Kanals darf der Ausgangspegel bei den verschiedenen Frequenzen nur um bestimmte Werte gegenüber dem Pegel bei 800 Hz abweichen (Bild 1).

Es müssen also die Pegelabweichungen gegenüber dem Ausgangspegel bei 800 Hz festgestellt werden. Der tatsächliche Ausgangspegel bei 800 Hz kann infolge Toleranzen der Bauelemente und Unsicherheiten bei der Einpegelung zwischen + 0,90 ... + 1,10 N liegen. Damit die Pegelabweichungen bei den verschiedenen Frequenzen von einer Auswerteanordnung festgestellt werden können, muß zuerst ein Bezugspegel geschaffen werden, der zweckmäßigerweise unterhalb des kleinsten zulässigen Ausgangspegels liegt. Die automatische frequenzabhängige Restdämpfungsprüfung muß also in zwei Etappen ablaufen, nämlich

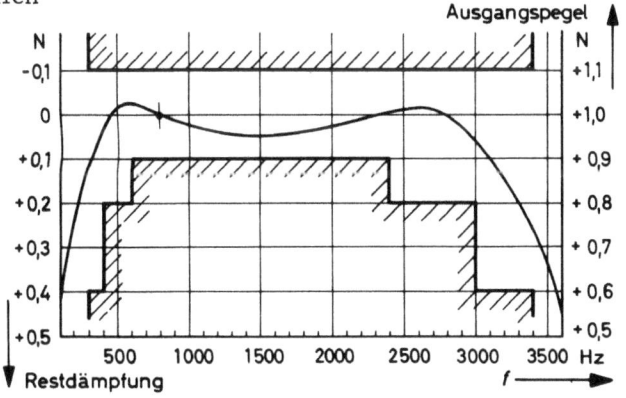

Bild 1: Toleranz der Restdämpfung eines TF-Kanals

*) Standard Elektrik Lorenz AG, Mix u. Genest Werke, Stuttgart

1.) Schaffung eines Bezugspegels bei 800 Hz

2.) Prüfung, ob die Pegeldifferenz bei den verschiedenen Frequenzen innerhalb der zulässigen Grenzwerte liegt.

Bild 2 zeigt das Prinzip einer Anordnung zur automatischen frequenzabhängigen Restdämpfungsprüfung.

Der Eingang des zu prüfenden Kanals wird mit einem konstanten Pegel von -2N beaufschlagt. Zwischen Kanalausgang und Meßverstärker ist eine in fünf binären Stufen aufgebaute Eichleitung von 0 ... 0,31 N angeordnet.

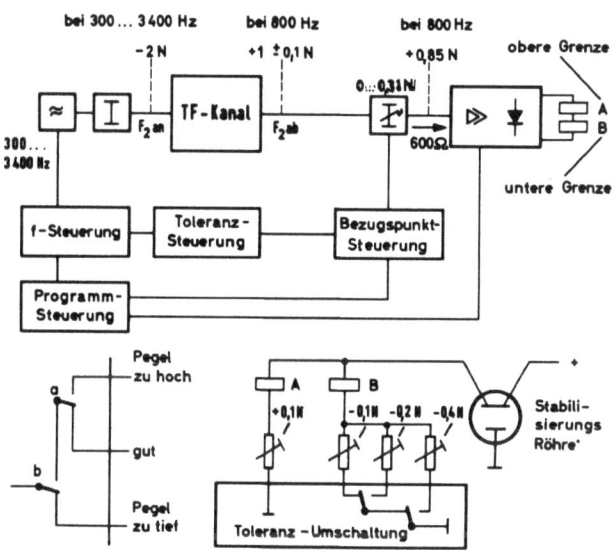

Bild 2: Automatische Restdämpfungsprüfung eines TF-Kanals

Zur Bezugspunktfestlegung wird bei 800 Hz die Eichleitung von Dämpfung 0 ausgehend solange in Schritten von 0,01 N vergrößert, bis der am Eingang des Meßverstärkers auftretende Pegel + 0,85 N beträgt. Der Bezugspegel von 0,85 N wurde gewählt, damit ein Abstand von der unteren möglichen Pegelgrenze (+0,90 N) vorhanden ist. Die Steuerung für die Eichleitung muß also immer eine Grunddämpfung einschalten. Ist der Bezugspunkt festgelegt, so wird zur weiteren Prüfung der Kanaleingang mit verschiedenen Frequenzen gleichen Pegels beaufschlagt. Die bei der Bezugspunktfestlegung eingestellten Dämpfungsglieder bleiben eingeschaltet. Mit den vorgespannten Relais A und B wird die Einhaltung der vorgegebenen Pegeldifferenzen gegenüber dem 800 Hz Bezugspegel von + 0,85 N geprüft. Relais B spricht an bei Überschreitung der unteren Ansprechgrenzen, die in Abhängigkeit von der Prüffrequenz durch Vorspannung eingestellt werden. Relais A spricht bei Pegelüberschreitung an. Die Prüfung wird nur dann als "Gut" bewertet, wenn zwar Relais B (untere Grenze) jedoch nicht Relais A (obere Grenze) angesprochen hat. Damit keine Fehlprüfungen infolge von Einschwingvorgängen in Meßschaltung und Prüfling erfolgen, werden die Auswerterelais zeitverzögert abgefragt.

Statt der Relais können auch Triggerschaltungen mit definierten Ansprechschwellen zur Kontrolle der Grenzwerte verwendet werden.

Automatische Dämpfungsprüfung von Übertragungsstrecken

Das vorstehend beschriebene Verfahren ist dort gut anwendbar, wo Eingang und Ausgang des zu prüfenden Vierpols am gleichen Ort zugänglich sind. Anders liegen die Verhältnisse bei der Prüfung von Übertragungsstrecken, bei denen Eingang und Ausgang räumlich getrennt sind [3, 4].

Um mit einer Auswerteanordnung am Leitungsende die Einhaltung vorgegebener Toleranzen prüfen zu können, ist es notwendig, entweder den Sendepegel am Leitungsanfang entsprechend der Solldämpfung einzustellen oder bei konstantem Sendepegel die Leitungsdämpfung am fernen Ende auf einen gewissen Wert zu ergänzen. Damit die Zahl der erforderlichen Steuerungsbefehle zwischen Steuereinrichtung und automatischer Prüfgegenstelle niedrig gehalten wird, ist es zweckmäßig, den Sendepegel entsprechend der Solldämpfung der zu prüfenden Strecke einzustellen. Ein Verfahren zur automatischen Dämpfungsprüfung an Leitungen ist in <u>Bild 3</u> dargestellt.

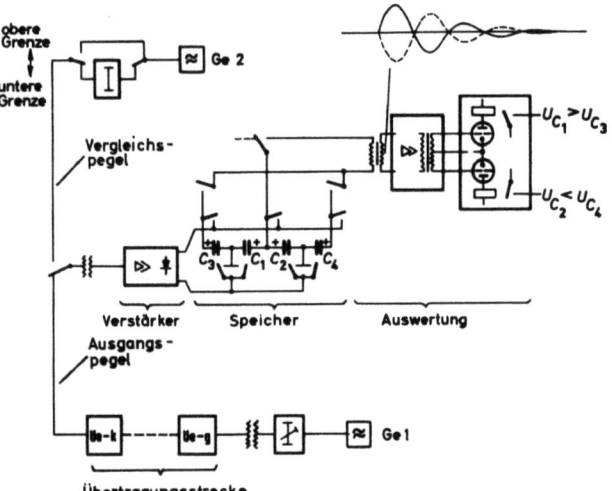

Bild 3: Automatische Dämpfungsprüfung von Übertragungsstrecken

Der am Ausgang der Übertragungsstrecke auftretende Pegel wird mit den zulässigen Pegelgrenzwerten verglichen. Der Ausgangspegel und die Vergleichspegel werden nacheinander auf den Eingang des Verstärkers geschaltet.

Die verstärkten Tonfrequenzpegel werden gleichgerichtet und dem aus Kondensatoren gebildeten Speicher zugeführt. In den während der Aufladung parallel geschalteten Kondensatoren C 1, C 2 wird die dem Ausgangspegel der Leitung proportionale Gleichspannung gespeichert. Die dem unteren bzw. oberen Vergleichspegel proportionale Gleichspannung wird im Kondensator C 3 bzw. C 4 gespeichert. Zur Auswertung werden die Kondensatoren C 1 mit C 3 und C 2 mit C 4 gegeneinander geschaltet, dadurch wird der Ausgangspegel mit dem unteren bzw. oberen Vergleichspegel verglichen. Durch den beim Anschalten der Kondensatoren an die Primärwicklung des Übertragers stattfindenden Ladungsausgleich entsteht eine gedämpfte Schwingung. Die Polarität des Anschwingens ist von der Richtung des Ladungsausgleichs abhängig. Zur Polaritätsbestimmung wird die gedämpfte Schwingung gegenphasig auf die Gitter von zwei Thyratrons gegeben. Je nach Polarität der ersten Halbwelle zündet eines der Thyratrons und sperrt das andere gegen die zweite Halbwelle.

Gute Prüfobjekte müssen bei Abfrage der unteren Grenze die auf positives Anschwingen ansprechende Kippstufe zünden ($U_{C1} > U_{C3}$) bei Abfrage der oberen Grenze dann die auf negatives Anschwingen ($U_{C2} < U_{C4}$).

Bei ausreichend großer Verstärkung können Pegelunterschiede von 1 mN sicher ausgewertet werden.

Zur Polaritätsbestimmung kann auch eine Schaltungsanordnung mit monostabilen Multivibratoren verwendet werden.

Die Prüfunsicherheit wird hauptsächlich durch die Ungenauigkeit der Vergleichspegel gegeben. An die Kurzzeit-Konstanz des Verstärkers für Signal- und Vergleichspegel bestehen geringe Forderungen, da die Pegel in weniger als einer Sekunde gespeichert werden können.

Die Anwendbarkeit des Verfahrens ist nicht nur auf Dämpfungsmessungen beschränkt. Es kann im Prinzip überall dort angewendet werden, wo die Abweichung von zwei Spannungen festgestellt werden soll [5].

Schrifttum

[1] G. Weinmann: Gesichtspunkte bei der Fertigung und Prüfung von Trägerfrequenzgeräten. SEG-Nachrichten 1955, Heft 4
[2] G. Weinmann: Automatische Prüfeinrichtungen für übertragungstechnische Geräte. SEL-Nachrichten 1958, Heft 3
[3] H. H. Felder, A. J. Pascarella and H. F. Shoffstall: Automatic Testing of Transmission and Operational Functions of Intertoll Trunks. Bell Syst. Techn. J. 35 (1956), S. 927 - 954
[4] T. H. Neely: Intertoll Trunk Transmission Measuring System Bell Lab. Rec. 1956, S. 461 - 464
[5] H. Oden: Prüf- und Meßverfahren in der Wählertechnik. FTZ 7 (1954), Heft 8, S. 379 bzw. SEG-Nachr. 1954, Heft 3, S. 13

MESSTECHNISCHE EIGENSCHAFTEN UND GRENZEN DER ANALOG-DIGITAL-UMFORMER

G. Reinisch, Karlsruhe

Mit 7 Bildern

In dem letzten Jahrzehnt sind digitale Anlagen entwickelt worden, um Rechenoperationen mit großer Genauigkeit und Geschwindigkeit auszuführen, um Produktionsprozesse zu überwachen und zu steuern, und um schnell ablaufende Versuche z. B. für die Raumfahrt und Kernphysik messend zu verfolgen. Das Charakteristische dieser Anlagen ist, daß sie schnell sind, bei entsprechendem Aufwand nahezu beliebig genau und sicher Werte verarbeiten und übertragen können.

Diese digitalen Anlagen müssen entweder vom Menschen oder von geeigneten Geräten mit Information versorgt werden. Bei den oben angeführten Aufgaben scheidet jedoch der Mensch aus, wenn er als Bindeglied zwischen Meßgerät und digitaler Anlage eingesetzt wird. Er vermag nicht mit der geforderten Geschwindigkeit, Genauigkeit oder Sicherheit die Meßwerte zu erfassen.

Ein Gerät, daß die Verbindung zwischen den Meßgrößen und den digitalen Anlagen herstellt, nennt man einen Analog-Digital-Umformer (ADU). Ein ADU nimmt eine Information in Form einer physikalischen Meßgröße auf und gibt eine Information über die Eingangsgröße in Form einer Zahl weiter (Bild 1). Die Eingangsgröße bezeichnet man als analog, die Ausgangsgröße als digital. Bekannt sind ADU u. a. als Digital-Volt- und -Ohmmeter.

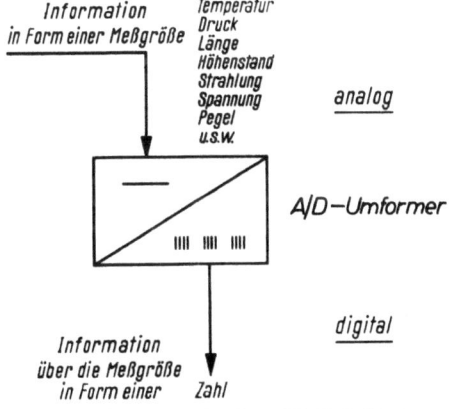

Bild 1: Aufgabe eines Analog-Digital-Umformers

Allen ADU sind einige Eigenschaften gemeinsam, die kurz zusammengefaßt werden sollen.

Physikalische Vergleichsgröße

Wie jedes Meßgerät, so benötigt auch der ADU eine Vergleichsgröße, um die Eingangsgröße messen zu können. Die Vergleichsgröße ist direkt oder indirekt in kleine Einheiten unterteilt und jeder Einheit ist eine Zahl zugeordnet. Die Vergleichsgröße bildet also einen Maßstab.

An die Vergleichsgröße stellt man die Forderung einer möglichst feinen und genauen Unterteilung, d. h. einem guten Auflösungsvermögen, um möglichst genau messen zu können. Von den physikalischen Größen eignen sich am besten dafür (Bild 2):

die Zeiteinheiten eines quarzgesteuerten Oszillators,

die Spannungseinheiten eines Kompensators,

oder die Längeneinheiten einer mechanisch, elektrisch, magnetisch-induktiven oder optischen Längenteilung.

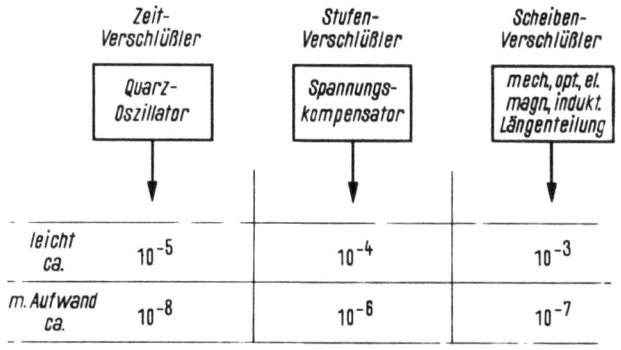

Bild 2: Vergleichsgrößen der bekannten ADU-Typen

Diese Größen ermöglichen ohne großen Aufwand eine Meßgenauigkeit von 0,1 % und es gibt nur wenige Umsetzertypen (Verschlüssler), die nicht eine dieser drei Größen als Vergleichsgröße verwenden. Eingangsgrößen, die nicht direkt mit einem ADU verschlüsselt werden können, müssen mit einem Meßumformer angepaßt werden.

Meßorgan

Zwischen Vergleichsgröße und Eingangsgröße des ADU liegt ein Meßorgan, welches ein Signal abgibt, wenn die gegenübergestellten Größen übereinstimmen oder voneinander abweichen. In dieser Methode der Arbeitsteilung zwischen Vergleichsgröße und Meßorgan liegt der Vorteil einer Vergleichsmessung gegenüber der sonst üblichen Messung nach der Ausschlagsmethode. Das Meßorgan, das in der Literatur auch mit Vergleicher, Nullindikator oder Differenzverstärker bezeichnet wird, braucht auf Grund der begrenzten Meßaufgabe nur empfindlich und stabil um den Nullpunkt zu sein. Anforderungen hinsichtlich der Linearität über einen größeren Meßbereich werden nicht gestellt. Dadurch ist der Aufwand des Meßorgans relativ gering.

Charakteristische Daten des Meßorgans sind die Ansprechempfindlichkeit und die Nullpunktkonstanz.

Zahlendarstellung

Als Ausgangsgröße liefert der ADU eine Zahl. Diese Zahl kann entweder als Flip-Flop-, Zählröhren- oder Kontaktstellung dargeboten werden. Diese Darstellungsart muß der nachgeschalteten Anlage oder dem Verwendungszweck angepaßt sein. In digitalen Anlagen werden zur Weiterverarbeitung meist das duale (2^0, 2^1, 2^2 ... 2^n) oder das dualdekadische (1, 2, 4, 8 - 10, 20, 40, 80 usw.) Zahlensystem verwendet.

Zur Anzeige, z.B. für Digital-Volt- und -Ohmmeter benutzt man das dekadische System (1, 2 ... 9 usw.). Bei einer Art der ADU, dem Längenverschlüssler, setzt man besondere Zahlensysteme aus Gründen der Sicherheit ein.

Kennlinie, Meßempfindlichkeit, Meßgenauigkeit

Die Beziehung zwischen Eingangs- und Ausgangsgrößen gibt die Kennlinie des ADU im Bild 3 wieder. Auf der Abszisse sind die Einheiten der Vergleichsgröße D mit denen ihnen zugeordneten Zahlen aufgetragen. Zur Darstellung der Zahlen ist in diesem Beispiel das duale Zahlensystem verwendet worden. Die Anzahl der Zahlen, der Wertevorrat, ist stets begrenzt durch die Anzahl und Art der verwendeten Codeelemente. Mit fünf dualen Codeelementen (Bild 3) kann man z.B. $2^5 = 32$ Zahlen bilden. Als binäre Symbole dienen 1 und 0. Eine 1 bedeutet, daß die Wertigkeit der Stelle zur Darstellung der Zahl benötigt wird, eine 0, daß die Wertigkeit entfällt.

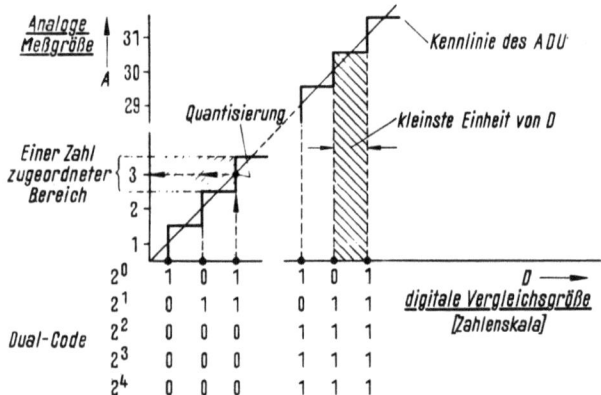

Bild 3: Kennlinie eines Analog-Digital-Umformers

Auf der Ordinate ist die analoge Meßgröße A aufgetragen. A möge kontinuierlich verlaufen. Der treppenartige Charakter der Kennlinie entsteht dadurch, daß die Vergleichsgröße nur als Punktmenge auf der Abszisse existiert und jedem solchen Punkt ein Bereich der Ordinate, d.h. der Eingangsgröße, zugeordnet wird. Dieses eindeutige Zuordnen nennt man Quantisieren.

Im Bild 3 ist eine lineare Kennlinie abgebildet. Für besondere Meßaufgaben kann es notwendig sein, eine gekrümmte Verschlüsslerkennlinie zu erzeugen.

Wie die Eingangsgröße von einem ADU quantisiert wird, hängt vom Meßorgan und der Vergleichsgröße ab. Für das Meßorgan ist die Quantisierung um so schwieriger, je kleiner die Eingangsgröße ist. Wenn A $\rightarrow$ 0 geht, also ein kleiner Meßbereich vorliegt, wächst infolgedessen die notwendige Empfindlichkeit des ADU.

Verlangt man von einem ADU eine bestimmte Meßgenauigkeit, so muß auch ein genügend großer Wertevorrat der Vergleichsgröße vorhanden sein. Mit hundert Zahlen kann man nicht genauer anzeigen als ± 0,5 % und mit tausend Zahlen ist die Meßgenauigkeit höchstens ± 0,5 ‰ usw. Um eine große Meßgenauigkeit zu erlangen, ist man deshalb zunächst bestrebt, eine möglichst große Auflösung der Vergleichsgröße zu erzielen.

Verschlüsslungszeit

Die Verschlüsslungsgeschwindigkeit eines ADU muß den geforderten Meßaufgaben angepaßt werden. Die Änderungsgeschwindigkeit des Meßwertes hat stets klein zu sein gegenüber der Verschlüsslungszeit. Ändert sich die Meßgröße z.B. für eine kurze Zeit, die kleiner ist als die Meßzeit, so kann es vorkommen, daß ein ADU einen falschen Wert anzeigt, der weder der normalen Meßgröße noch der Größe der Änderung entspricht. Diese Eigenschaft liegt in den Meßprinzipien der ADU begründet.

Die ADU können nicht beliebig schnell verschlüsseln. Die Verschlüsslungszeit ist durch die Schaltgeschwindigkeit der Bauelemente und durch die Ansprechzeit des Meßorganes bestimmt. Je empfindlicher ein ADU messen kann, um so länger wird seine Verschlüsslungszeit sein. Diese Relation gilt hauptsächlich für Meßempfindlichkeiten < 100 µV. Die Gesetzmäßigkeit zwischen Empfindlichkeit und Verschlüsslungsgeschwindigkeit, die ein Maß für die Güte eines Verschlüsslers sein könnte, hat man bis jetzt noch nicht in einem formelmäßigen Zusammenhang aufstellen können.

Verschlüsslertypen

Wie aus den vorangestellten Eigenschaften hervorgeht, gibt es zahlreiche technische Ausführungen der ADU und die wichtigsten Verschlüsslungsprinzipien sind im folgenden beschrieben:

Zeitverschlüssler

Der Sägezahnverschlüssler ist der bekannteste ADU der Zeitverschlüssler. Bei diesem Verschlüsslungsprinzip wird die Eingangsspannung mit einer Sägezahnspannung verglichen.

Auf der Abszisse (Bild 4) sind die Zeiteinheiten des Quarzoszillators markiert, auf der Ordinate die Spannung der Meßgröße und des Sägezahngenerators. Die Sägezahnspannung, die nach der Funktion dU/dt ansteigt, verbindet die Eingangsgröße eindeutig mit der Zahlendarstellung auf der Abszisse. Der Meßvorgang ist nun folgender:

Sobald die Sägezahnspannung durch U = 0 geht, gibt ein Startimpuls die Zählkette frei, die nun mit Impulsen gleichen zeitlichen Abstandes vollläuft. Erreicht die Sägezahnspannung die Größe der Eingangsspannung, so unterbricht ein Stopimpuls den Zählvorgang. Die Zählkette speichert danach einen Wert, der ein Maß für die Größe der Eingangsspannung ist.

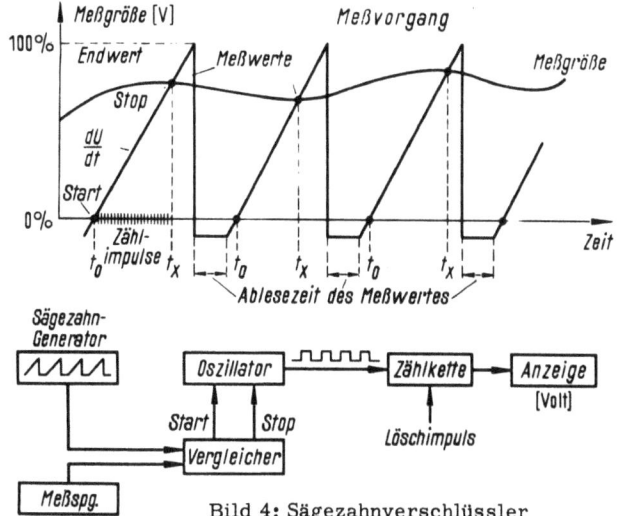

Bild 4: Sägezahnverschlüssler

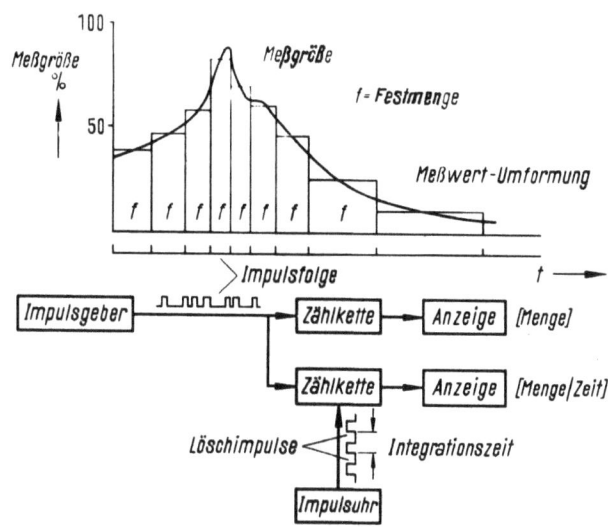

Bild 5: Festmengenverschlüssler

Bei geeigneter Zuordnung der Zählimpulse zur Funktion dU/dt der Sägezahnspannung gibt die Zählkette den Meßwert zahlenwertrichtig wieder. In der Pause bis zur nächsten Anstiegsflanke der Sägezahnspannung wird der Meßwert abgelesen.

Das Blockschaltbild (Bild 4) zeigt die für die Verschlüsslertype notwendigen Baueinheiten. Ein Sägezahngenerator mit guter Linearität und Spannungskonstanz sind Schwierigkeiten dieses Verschlüsslers, da diese beiden Forderungen für große Genauigkeiten nicht leicht zu erfüllen sind.

Der Differenzverstärker des Sägezahnverschlüsslers ist ein Gleichspannungsverstärker. Dieser Verstärker gibt die Kommandos für Start und Stop der Zählimpulse. Zwischen diesen beiden Signalen summiert die Zählkette die Impulse auf und zeigt am Ausgang den Meßwert als Zahl an. Vor Beginn des neuen Verschlüsslungsvorganges wird die Zählkette gelöscht.

Die üblichen Ausführungen solcher Sägezahnverschlüssler haben eine Meßgenauigkeit von 0,2 ... 0,5 % bei einer Eingangsspannung von 10 V. Diese Verschlüsslertype ist ein Momentanwertverschlüssler, der für normale Meßaufgaben gern benutzt wird, aber ungeeignet ist für hohe Genauigkeiten oder extreme Anforderungen an die Empfindlichkeit.

Zur gleichen Kategorie wie der Sägezahnverschlüssler gehört noch der Festmengenverschlüssler (Bild 5). Er ist von besonderer Bedeutung, weil er das anzeigt, was in der Regel bezahlt werden muß, nämlich Dampf-, Wasser- oder Gasmengen usw. Dem Prinzip nach ist es lediglich eine Zählkette, die jedem Impuls eine Zahl zuordnet.

Die Arbeitsweise ist folgende:

An eine analoge Meßgröße wird ein Impulsgeber angeschlossen, der pro konstante Menge einen Impuls abgibt. Diese Impulsfolge summiert eine Zählkette auf und ordnet damit jedem Eingangsimpuls eine Zahl zu, die als Meßwert abgefragt werden kann.

Möchte man nicht die Menge, sondern die Leistung messen, so legt eine Impulsuhr eine Integrationszeit fest und der Zählkettenwert wird periodisch abgefragt und wieder gelöscht.

Stufenverschlüssler

Der Stufenverschlüssler ist für elektrische Meßgrößen der bei weitem genaueste und unter Verwendung gleicher Schaltelemente gegenüber dem Sägezahnverschlüssler auch der schnellere. Im Gegensatz zum Sägezahnverschlüssler, der stets vom Wert 0 anfängt und sich Schritt für Schritt dem Meßwert nähert, tastet der Stufenverschlüssler mit wenigen Messungen nach dem Prinzip einer Intervallschachtelung den ganzen Meßbereich ab (Bild 6). Als Beispiel sei ein 7stufiger Verschlüssler angenommen, der den Meßwert nach dem dualen Zahlensystem anzeigt. Als Wertevorrat stehen $2^7 = 128$ Zahlen zur Verfügung, d.h. man kann eine Meßgenauigkeit von 1/128 des Meßbereichsendewertes, also ca. 0,8 % oder ± 0,4 % erreichen. Die einzelnen Stufen des Verschlüsslers sind nach Potenzen von 2 abgestuft, die die Wertigkeiten von 64, 32 ... 1 haben.

Das Meßprinzip ist nun folgendes: Der Stufenverschlüssler schaltet nacheinander die abgestuften Wertigkeiten in den Meßkreis ein und versucht nach dem Prinzip einer Wägung die Gleichheit zwischen Kompensationsspannung und Meßspannung herzustellen. Zu diesem Zweck gibt ein Differenzverstärker ein Signal ab, sobald die Kompensationsspannung größer wird als die Meßspannung. Das Signal bewirkt dann, daß die zuletzt eingeschaltete Wertigkeit wieder her-

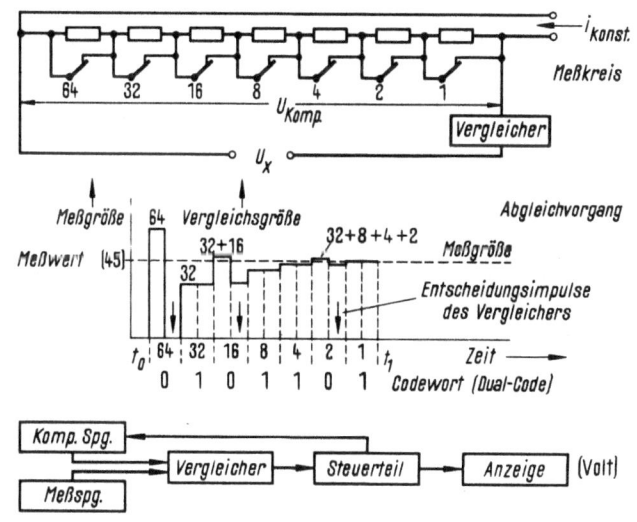

Bild 6: Stufenverschlüssler

ausfällt und die Kompensationsspannung kleiner wird als die Meßspannung. Beim nächsten Schritt wiederholt sich der Vorgang für die nächste Wertigkeit.

Als Beispiel betrachten wir den Abgleichvorgang für den Meßwert 45 (Bild 6). Mit der Wertigkeit 64, der größten eines 7stufigen Verschlüsslers, beginnt der Meßvorgang. Der Differenzverstärker spricht sofort an und löscht diese Wertigkeit in der Meßschaltung wieder, weil die Kompensationsspannung zu groß war. Als nächste Stufe kommt die Wertigkeit 32 zur Wirkung. 32 ist kleiner als 45, der Differenzverstärker spricht nicht an. Wertigkeit 32 bleibt infolgedessen gespeichert und die nächste Stufe wird zu der gespeicherten addiert. Das ergibt 32 + 16 = 48. Der Differenzverstärker spricht abermals an und löscht die Wertigkeit 16. Übrig bleibt 32, zu der jetzt 8 addiert werden. Der Meßvorgang läuft nun gleichartig wie bei den vorangegangenen Stufen weiter, bis schließlich der Meßwert 45 als Kontakt- oder Flip-Flop-Stellung im Ausgang des Stufenverschlüsslers zur Verfügung steht.

Die Meßwertabfrage kann bereits während des Verschlüsslungsvorganges beginnen, denn sofort, nachdem der Differenzverstärker die Entscheidung über eine Stufe getroffen hat, kann die Flip-Flop-Stellung dieser Stufe abgetastet werden.

Scheibenverschlüssler

Als letzter ADU sei ein Scheibenverschlüssler (Bild 7) angeführt. Bei diesem Verschlüsslertyp ist beispielsweise auf einer Scheibe ein Codesystem aufgetragen in Form von leitenden und nichtleitenden Oberflächen. Ein Bürstensystem tastet an einer Stelle den Zahlenwert ab und überträgt ihn über ein Steuerteil auf eine Zahlenanzeige. An sich ein sehr einfaches Prinzip, das in den verschiedenartigsten Ausführungen existiert. Das Hauptproblem liegt bei diesem Verschlüsslertyp in der Eindeutigkeit des abgetasteten Meßwertes. Stellt die Codescheibe sich nämlich so ein, daß die Bürsten gerade auf dem Übergang zwischen zwei Zahlen stehen bleiben, so darf bei der Ablesung des Meßwertes kein Fehler dadurch entstehen, daß die Bürsten von beiden Markierungen gleichzeitig den Wert abgreifen. Um diese Fehlermöglichkeit weitgehend auszuschalten, hat

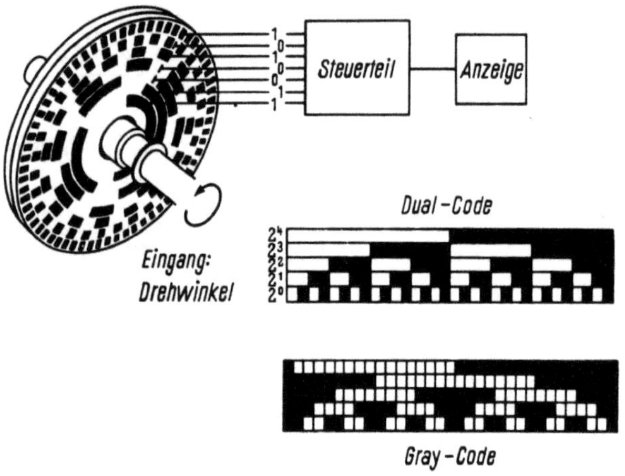

man Codesysteme entwickelt, die beim Sprung von einem Codewort zum anderen nur eine Bürstenstellung ändern. Dieser Sicherheitscode hat jedoch den Nachteil, daß er einen Codeumsetzer benötigt, der das abgegriffene Codewort wieder in einem zur Anzeige oder Weiterverarbeitung günstigen Code umsetzt.

Die hier beschriebene Bürstenabtastung ist die einfachste Ausführungsart der Scheibenverschlüssler. Die Lebensdauer dieser Typen ist gering. Weiterhin haben die Verschlüssler den Nachteil, daß sie ein relativ hohes Drehmoment benötigen, wenn ein ausreichender Bürstendruck wirksam sein soll. Arbeitet man mit niedrigerem Bürstendruck, so sind Transistorschaltungen zur Verstärkung des Bürstenstromes notwendig.

Sehr gute meßtechnische Eigenschaften weisen dagegen Scheibenverschlüssler auf, die mit einem optische, magnetischen, induktiven oder elektrischen Abtastsystem arbeiten

Datenzusammenfassung

Zum Schluß sollen die wichtigsten Eigenschaften und Grenzen für den Sägezahn-, den Stufen-, den Längen- und den Drehwinkelverschlüssler in einer Tafel zusammengefaßt und gegenübergestellt werden.

Der Sägezahnverschlüssler (Tafel 1 + 2) ist in der amerikanischen Literatur als sweep time encoder bekannt. Als Codesysteme verwendet

Tafel 1				
A/D-Umsetzer-Typ	weitere Bezeichnungen	gebräuchliche Codesysteme	Vergleichsgröße (digitaler Meßstab)	max. Auflösung der Vergleichsgröße (max. Meßgen.)
Sägezahn-verschlüßler	sweep-time encoder	Dual-Code 2^0 bis 2^x Dual-dekad. 1-2-4-8, 10-20-40-80 u.s.w.	Zeiteinheiten aus Quarzoszillator dU/dt-Spg. vom Sägezahn	10^{-5} bis 10^{-6} $5 \cdot 10^{-3}$ bis $5 \cdot 10^{-4}$
Stufen-verschlüßler	feedback oder voltage-comparison encoder	Dekad-Code 1,2,3 bis 9 1-2-3-4-Code	Spannung Strom Widerstand ind. Teiler	10^{-3} bis 10^{-4} 10^{-4} bis 10^{-6}
Längen u.-Drehwinkel-verschlüßler	space-encoder Shaft to Digital-Converter Shaft Quantizer Digi-Coder	wie oben Gray-Code (dual reflekt.) sonst. Sicherheits-Codes	el., opt. magn., indukt. Längen- oder Winkelteilung	10^{-3} bis 10^{-7}

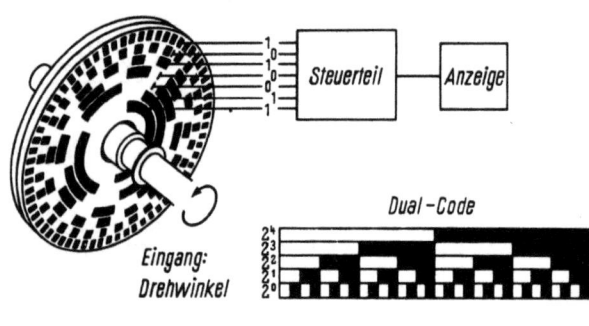

Eingang: Drehwinkel

Dual-Code

Gray-Code

Bild 7: Scheibenverschlüssler

Tafel 1: Grenzen und Eigenschaften der wichtigsten Verschlüsslertypen

Tafel 2					
A/D-Umsetzer-Typ	Vergleicher	max. Verschlüßigs.-geschwindigk. (für 10^5 Einheiten)	max. Meßempfindlichk. (phys. Größe pro Vergleichsgrößen-Einheit)	Vorteile bes. Anwendung	Lebensdauer
Sägezahn-verschlüßler	el. Gleichspg. Verstärker	(Taktfrequenz 20 MHz) <10 000/sec.	0,1 mV	Digital-Voltmeter	el. Bauteile
Stufen-verschlüßler	s.a. und el. Wechselspg. Verst. mit Schwingkond. Zerhacker usw. Impulsverst.	el.: <200 000/sec Relais 20/sec	el.: 0,1 mV ca 10 µV - ca 0,1 µV~	Digital-Voltmet. Brückenschaltg. Präzisions-Messungen ADA-Verschl.	el. Bauteile Relais >10^8 Verschl.
Längen u. Drehwinkel-verschlüßler	-s.a. und Oszillograph	Einstellgeschw. klein Ablesegeschw. groß Oszillograph 1/1000/sec.bei 0,2%	Bürsten 1000/360° opt. 2^{18}/360° mag. 2^{18}/360° ind. 2^{18}/360°	Werkzeugmasch.-Steuerung Präzisions-messungen Kontinuierliche Meßwertanzeige	Bürsten 1 bis 5 Mill. Umdrehungen opt. u.s.w. sehr groß (el. Bauteile)

Tafel 2: Grenzen und Eigenschaften der wichtigsten Verschlüsslertypen

dieser Verschlüsslertyp den dualen Code, den dual-tetradischen Code, den dekadischen Code oder andere Zahlencode. Im Prinzip ist dieser Verschlüssler an keinen besonderen Code gebunden und kann sich, wie auch der Stufenverschlüssler an die nachgeschaltete Anlage anpassen, wobei sich natürlich der Aufwand jeweils ändert.

Die Güte der Vergleichsgröße hängt im wesentlichen vom Sägezahngenerator ab. Die erzeugte Sägezahnspannung soll linear und konstant sein. Man erreicht bis jetzt Genauigkeiten von max. 5×10^{-4}, in der Regel nur 0,5 ... 0,1 %.

Als Vergleicher zwischen Sägezahnspannung und Meßspannung kann nur ein elektronischer Gleichspannungsverstärker verwendet werden, der eine Empfindlichkeit von 0,1 mV/Einheit der Vergleichsgröße gewöhnlich nicht unterschreitet. Normalerweise haben diese Verstärker eine Empfindlichkeit zwischen 1 und 10 mV/Einheit der Vergleichsgröße.

Die Grenze für die Anzahl der Verschlüsslungen/s liegt, wenn man eine Taktfrequenz von 20 MHz benützt, bei ca. 10 000 Verschlüsslungen/s.

Verwendet wird der Sägezahnverschlüssler hauptsächlich als Digital-Voltmeter. Die Güte der elektrischen Bauelemente begrenzt die Lebensdauer.

Der Stufenverschlüssler ist in der amerikanischen Literatur als feedback- oder voltage-comparison-encoder bekannt. Die verwendeten Codesysteme wurden bereits beim Sägezahnverschlüssler erwähnt. Die Vergleichsgröße kann aus Spannung-, Strom- oder Widerstandseinheiten aufgebaut sein, ähnlich wie bei einem normalen Kompensator oder in einer gewöhnlichen Brückenschaltung. Man erreicht damit eine relative Meßgenauigkeit von 10^{-3} ... 10^{-4}. Erlaubt es die Eingangsgröße, einen induktiven Teiler zu verwenden, so liegt die Grenze noch tiefer bei ca. 5×10^{-6}. Der Stufenverschlüssler ermöglicht die verschiedensten Differenzverstärker einzusetzen, weil der Meßvorgang völlig den Verstärkerbedingungen angepaßt werden kann. Es können Wechselspannungsverstärker eingesetzt werden, die am Eingang einen Schwingkondensator, einen Zerhacker oder andere ähnliche Eingangsschaltungen haben oder auch Impulsverstärker; ja sogar einfache Meßsysteme mit Grenzkontakt können verwendet werden.

Die Verschlüsselungsgeschwindigkeit des schnellsten Stufenverschlüsslers ermöglicht ca. 200 000 Verschlüsselungen/s. Die Stärke des Stufenverschlüsslers ist die Empfindlichkeit, die bei vollelektronischem System ca. 0,1 mV/Einheit der Vergleichsgröße ist, bei Relaismeßschaltungen bis herab zu $< 10\ \mu$V/Einheit der Vergleichsgröße und bei induktiven Teilern sogar bis zu $< 0,1\ \mu$V/Einheit der Vergleichsgröße geht.

Der Vorteil des Stufenverschlüsslers ist, daß er sehr universell eingesetzt werden kann. Er eignet sich für gewöhnliche Betriebsmessungen genau so gut wie für Präzisionsmessungen. Besonders schön ist, daß er den Meßwert nicht nur digital, sondern auch analog speichert. Deshalb kann ein ADU nach dem Stufenverschlüsslerprinzip gleichzeitig auch ein Digital-Analog-Umsetzer sein. Diese Eigenschaften ermöglichen viele Anwendungsmöglichkeiten.

Beispielsweise kann man einen neuen Verschlüsslungsvorgang davon abhängig machen, daß der neue Wert größer ist als der im Stufenverschlüssler gespeicherte. Der Verschlüssler zeigt dann stets den Maximalwert an. Mit dieser und ähnlichen Methoden kann eine Datenreduzierung erreicht werden, weil nur dann verschlüsselt wird, wenn die Meßgröße einen neuen Wert angenommen hat.

Zum Schluß sei der Scheibenverschlüssler noch kurz erwähnt. Amerikanische Bezeichnungen sind space encoder, Shaft to Digital-Converter oder Shaft-Quantizer. Man verwendet außer den bereits oben angeführten Codesystemen die Sicherheitscodes, wie z.B. den Gray-Code. Es gibt Ausführungen, die die Längenteilung mechanisch, optisch, elektrisch, magnetisch oder induktiv ablesen. Das Auflösungsvermögen liegt zwischen 10^{-3} und 10^{-7}. Die größte Meßgeschwindigkeit wird mit einem Oszillographen erreicht, dessen Elektronenstrahl mit Fotozellen abgetastet wird. Diese Methode ermöglicht mehr als eine Million Ablesungen/s bei einer Meßgenauigkeit von 0,2 %.

Die Meßempfindlichkeit liegt für Bürstensysteme bei 1000 Einheiten/360°, optisch 2^{16} Einheiten/360° und magnetisch-induktiv 2^{18} Einheiten/360°. Eine spezielle Anwendung findet der Scheibenverschlüssler z.B. in der digitalen Werkzeugmaschinensteuerung. Sein Vorteil ist, daß er die schnellste Meßwertablesung gestattet, und daß er der Meßgröße Schritt für Schritt nachlaufen kann. Die Lebensdauer eines Scheibenverschlüsslers mit Bürsten liegt bei 1 ... 5 Millionen Umdrehungen, bei anderen Systemen begrenzen die elektronischen Bauteile die Lebensdauer.

Schrifttum

[1] Martin L. Klein, Harry C. Morgan and Milton H. Aronson: "Digital Techniques" for computation and control. Instruments Publishing Co. 1950
[2] R. K. Richards: "Digital Computer" Component and Circuits. Van Norstrand Co. Inc. New York 1958
[3] A. K. Susskind: "Notes on Analog-Digital Conversion Techn." Published by the MIT Cambridge 39, 1937

ANALOGE DARSTELLUNG DIGITALER DATEN AUF EINEM SICHTGERÄT *)

K. L. Lenz, München

Mit 3 Bildern

Einleitung

Digitale Verfahren sind überall da notwendig, wo komplexe Zusammenhänge großer Datenmengen schnell ausgewertet werden müssen.

Die digitale Darstellung ist aber für die menschliche Anschauung nur geeignet, wenn es um das Erfassen von Einzelwerten, nicht aber von grösseren Zusammenhängen geht. Die analoge Darstellung, z.B. eine Kurve, ergibt eine bessere Übersichtlichkeit. Für rationelles Arbeiten nachrichtenverarbeitender Systeme sind die Bindeglieder zwischen Maschine und Mensch, d.h. zwischen Digital- und Analogverfahren, äußerst wichtig. Als Beispiel soll ein Sichtgerät behandelt werden, das die Ergebnisse eines Digitalrechners in Analogwerte umwandelt und diese auf einer großen Braunschen Röhre anzeigt. Die schnelle Folge von Einzelergebnissen ergibt dabei auf dem Bildschirm zusammenhängende Funktionsverläufe.

Arbeitsweise des Sichtgerätes

Das Bild 1 zeigt den Digitalrechner [1, 2] mit dem Sichtgerät. Dieses Gerät sei nun an Hand

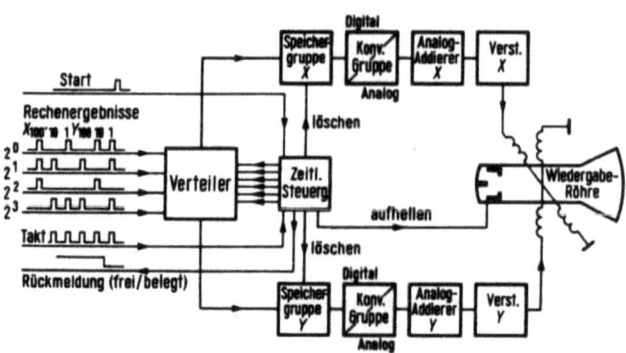

Bild 2: Blockschaltbild des Analog-Sichtgerätes

de Ziffer vor Anwendung der Binärverschlüsselung um 3 erhöht wird. Jede einzelne Ziffer ist durch die Kombination der auf den 4 Leitungen gleichzeitig vorhandenen Impulse dargestellt. Die Dezimalstellen folgen hintereinander in der Reihenfolge: Y-Einer, Y-Zehner, Y-Hunderter, X-Einer, X-Zehner, X-Hunderter. Das Gerät kann in jeder der Koordinaten X und Y Werte von 0 bis +999 aufzeichnen. Auf einer gesonderten Leitung erhält das Sichtgerät vor jedem Wertepaar (X/Y) einen Ankündigungsimpuls, der den Aufzeichnungsvorgang auslöst.

Bild 1: Siemens-Digitalrechner 2002 (links das Analog-Sichtgerät mit seiner großen Bildröhre)

des Übersichtsblockschaltbildes (Bild 2) erläutert. Links sieht man die Anschlußleitungen zum Rechner. Die Werte für X und Y werden auf den gleichen Leitungen 2^0 bis 2^3 zeitlich nacheinander im sogenannten 3-Excess-Code angeliefert. Dieser entsteht aus dem Binär-Code dadurch, daß je-

*) Mitteilung aus dem Zentral-Laboratorium der Siemens u. Halske AG

Die Umwandlung der vom Rechner gelieferten digitalen Daten in analoge Werte geschieht in zwei Stufen. Zunächst wird die zeitliche Folge von Impulsen auf Speicherzellen verteilt, deren räumliche Verteilung ein Abbild der zeitlichen Folge der Impulse ist. In der zweiten Stufe werden aus der örtlichen Lage der belegten Speicherzellen Analogwerte abgeleitet.

Der erste Teil dieser Umwandlung geschieht dadurch, daß zunächst an 6 Ausgängen der "Zeitlichen Steuerung" zeitlich gestaffelt je ein Torimpuls ausgelöst wird, von denen der erste mit den gleichzeitig eintreffenden Y-Einer-Impulsen Koinzidenz macht, der nächste mit den Y-Zehnern usw., bis zum sechsten, der mit den X-Hundertern zusammenfällt. Im Verteiler bilden die vier Leitungen vom Rechner und die sechs Torimpulsleitungen eine Matrix. Von den 24 Schnittpunkten führt je eine Leitung zu einer Speicherzelle. Diese wird bei Koinzidenz zwischen Torimpuls und Rechnerimpuls angesteuert. Jeder aus dem Rechner stammende Impuls wird so einer bestimmten Speicherzelle - einer bistabilen Kippschaltung, die mit zwei Röhren A und B arbeitet - zugeführt und dort gespeichert. Ein jeweils dreistelliges Wertepaar X/Y wird innerhalb von 6 x 5 μsec = 30 μsec angeliefert und eingespeichert. Die einzelnen Impulse folgen mit 5 μsec Abstand, da der Rechner mit einer Taktfrequenz von 200 kHz arbeitet.

Aus den eingespeicherten Digitalwerten werden in folgender Weise Analogwerte abgeleitet: Bei allen Röhren A der Speicherzellen wird die Ausgangsspannung durch jeweils zwei vorgespannte Dioden auf exakt 0 V oder exakt -85 V begrenzt, je nachdem, ob der Speicher gefüllt oder leer ist. Jeder einzelnen Speicherzelle ist einerseits ein binärer, andererseits ein dekadischer Wert je nach ihrer räumlichen Lage zugeordnet. Dementsprechend werden im Digital-Analog-Konverter aus der Einheitsspannung -85 V durch geeignete Vorwiderstände unterschiedliche Ströme abgeleitet, deren Größe die digital angegebene Wertigkeit analog wiedergibt. Die aus den 12 Speicherzellen für X stammenden Einzelströme werden nun im Analogaddierer über einen gemeinsamen Widerstand geleitet. An ihm entsteht eine Spannung, die der Summe der Teilströme proportional ist. Diese Spannung steuert einen Leistungsverstärker, der den Ablenkstrom für die Bildröhre liefert. Der Umwandlungsvorgang für die Y-Koordinate verläuft entsprechend. Da der 3-Excess-Code wie ein Code aus binären Elementen behandelt wurde, ist die Anzeige in jeder Dezimalstelle um 3 - insgesamt also um 333 - zu hoch. Diese Verschiebung wird durch eine Vorablenkung des Strahles in umgekehrter Richtung unterdrückt. Außerdem wird auf die gleiche Art der Koordinatenursprung X/Y = 0/0 in die linke untere Ecke der Bildröhre verschoben.

Der Elektronenstrahl wird magnetisch abgelenkt, weil die handelsüblichen Röhren mit elektrostatischer Ablenkung und etwa 20 cm x 20 cm großem Bildfeld zu große Bildfehler aufweisen. Die Bildröhre ist mit einem lang nachleuchtenden Schirm ausgerüstet. Dadurch entsteht aus der großen Anzahl der sehr schnell hintereinander aufgezeichneten Einzelpunkte für das Auge der Eindruck einer zusammenhängenden Kurve. Der langsamste Teil, der die Aufzeichnungsgeschwindigkeit einschränkt, ist die Ablenkspule der magnetischen Ablenkung. Obwohl die Spule optimal abgestimmt und kritisch gedämpft ist und jeder Ablenkverstärker 60 Watt Anodenverlustleistung aufweist, braucht der Elektronenstrahl doch ca. 0,5 msec, um von irgendeinem Punkt auf einen beliebigen anderen zu springen. Während dieser Zeit wird der Elektronenstrahl dunkel getastet. Die zeitliche Steuerung hellt den Strahl erst dann kurz auf, wenn diese 0,5 msec seit dem Einlaufen der Digitalwerte verstrichen sind.

Nach der Strahlaufhellung wird der Inhalt aller Speicherzellen gelöscht, und dem Rechner wird über die Rückmeldeleitung mitgeteilt, daß das gesamte Programm für einen Punkt X/Y abgelaufen ist und das nächste Wertepaar ausgeliefert werden darf.

Anwendung des Sichtgerätes

Das Gerät hat die Aufgabe, die Benutzungsdauer des Rechners und die Auswertezeit zu verkürzen. Wenn der Rechner seine Rechenergebnisse auf Lochstreifen oder als Zahlentabellen ausliefert, begrenzt die Auslieferung unter Umständen die Rechengeschwindigkeit. Außerdem müssen häufig die digital ausgedruckten Ergebnisse anschliessend von Hand in Kurvenform aufgezeichnet werden. Unter Umständen zeigt es sich erst dabei, daß ein Parameter ungünstig gewählt war, oder zu große bzw. zu kleine Intervalle benutzt wurden usw. Verfolgt man aber die Ergebnisse laufend auf einem Analog-Sichtgerät, das 2000 Punkte pro Sekunde schreibt, dann kann man sich schnell an den interessierenden Teil einer Funktion herantasten und überflüssige Rechnungen vermeiden. Im interessierenden Bereich wird man die Ergebnisse zusätzlich ausdrucken, um die große Genauigkeit des Rechners voll auszunutzen.

Bild 3 zeigt das Gerät in der Laborausführung. Es

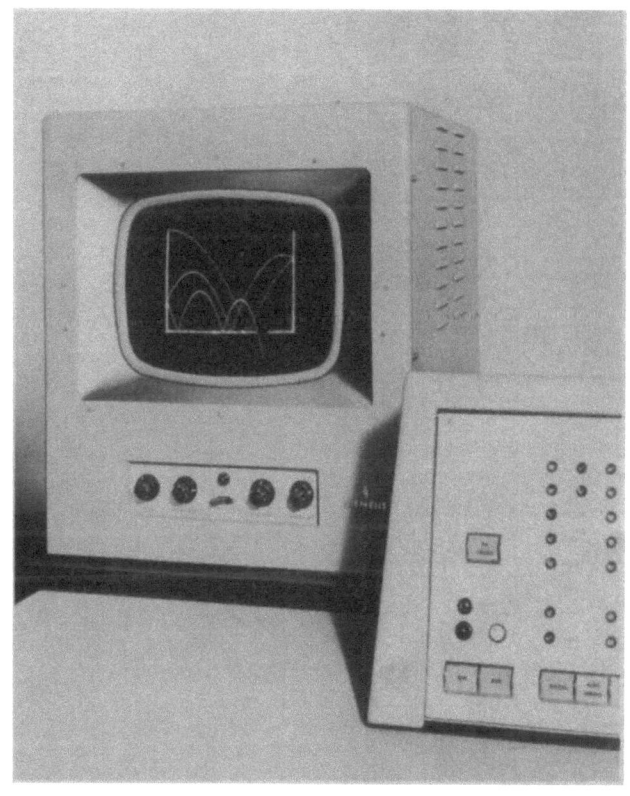

Bild 3: Flugbahn eines Balles, digital berechnet und auf dem Sichtgerät analog wiedergegeben

enthält die gesamte Schaltung entsprechend dem gezeigten Blockschaltbild und die Spannungsversorgung. Es wurde aufgenommen, während der Digitalrechner die Flugbahn eines Balles punktweise berechnete. Der Ball wird mit bestimmter Horizontalgeschwindigkeit in einen Kasten geworfen und beim Aufprall auf die Wände mit einer gewissen Dämpfung reflektiert. Schließlich fliegt er durch eine Öffnung im Boden des Kastens. Das Bild des Kastens wird ebenfalls vom Rechner erzeugt. Die hohe Wiedergabegeschwindigkeit des Sichtgerätes erlaubt es, zwischen je zwei aufeinanderfolgenden Punkten der Ballkurve rund 30 Punkte des Kastens zu wiederholen (Auf der Tagung wurde ein Kurzfilm gezeigt, der das Entstehen der Ballkurve innerhalb einiger Sekunden anschaulicher wiedergab, als es das Bild 3 vermag).

Schrifttum

[1] H. Kaufmann: Der Siemens-Digitalrechner 2002. Siemens-Z. 32 (1958), S. 142 - 147
[2] W. Lockemann: Die Verarbeitung von Nachrichten im Digitalrechner 2002. Siemens-Z. 33 (1959), S. 175 - 179
[3] W. Heimann: Der Einsatz von Digitalrechnern in Wissenschaft und Technik. Regelungstechnik 6 (1958), S. 294 - 298
[4] K. Goßlau: Der Magnetkernspeicher, ein Schnellspeicher in Nachrichtenverarbeitungs-Systemen, sein Aufbau und seine Wirkungsweise. Regelungstechnik 6 (1958), S. 315 - 319
[5] W. Krägeloh, S. K. Kroos und E. Schmidt: Ein Analog-Digital-Umsetzer mit Transistoren. Regelungstechnik 7 (1959), S. 95 - 98
[6] H. Meyer: Der Siemens-Digitalrechner 2002, der Kern des Siemens-Nachrichtenverarbeitungs-Systems. Elektron. Rechenanl. 1 (1959), S. 80 - 85

ZUSAMMENFASSUNGEN

NACHRICHTENTECHNISCHE FACHBERICHTE - NTF
Band 20 (1961)
"Neuere Probleme der Meßtechnik"
Verlag Friedr. Vieweg & Sohn, Braunschweig

Kartaschoff, P., Bonami, J., De Prins, J., Neuchâtel

ATOM - UND MOLEKÜLUHREN

Aufbau und Wirkungsweise der verschiedenen z. Zt. gebräuchlichen Atom- und Molekülluhren wird beschrieben. Die erreichbaren Genauigkeiten und die Ursachen ihrer Grenzen werden diskutiert.

Nachr. techn. Fachber. 20, S. 1 - 5

Kurtze, G., Göttingen

ANALOGIEN IN DER MESSTECHNIK FÜR AKUSTISCHE UND ELEKTRISCHE WELLEN GLEICHER WELLENLÄNGE

Akustische und elektrische Wellen gehorchen der gleichen Wellengleichung und es ist daher zu erwarten, daß die Meßtechnik beider Gebiete in vieler Hinsicht Ähnlichkeiten aufweisen muß. Das gilt insbesondere dann, wenn man die Meßgeräte und Meßverfahren miteinander vergleicht, die für Wellen gleicher Wellenlänge angewendet werden. In dem nachstehend wiedergegebenen Vortrag werden solche Analogien, die z.B. beim Vergleich der Radartechnik mit der Sonartechnik sehr augenfällig sind, aus den Teilgebieten der Erzeugung gerichteter Strahlung, der Herstellung reflexionsfreier Oberflächen und Abschlüsse, der Leistungsmessung und der Meßtechnik auf Leitungen aufgezeigt. Betrachtungen dieser Art sind nicht nur interessant, sondern haben sich bereits in vielen Fällen befruchtend auf die Meßtechnik beider Teilgebiete ausgewirkt.

Nachr. - techn. Fachber. 20, S. 6 - 10

Mrass, H., Braunschweig

DAS REZIPROZITÄTS - THEOREM UND SEINE ANWENDUNG IN DER MESSTECHNIK

Es werden zunächst die Anwendungen des Reziprozitäts-Theorems in der Elastomechanik, Akustik und Elektrodynamik sowie bei mechanisch-akustischen und elektro-mechanischen Systemen behandelt. Dann wird nach einer einfachen Methode das Tiefempfangsgesetz von Schottky abgeleitet und seine Anwendung zur Kalibrierung von Mikrophonen im freien Schallfeld erläutert.

Nachr. - techn. Fachber. 20, S. 11 - 14

Sommer, J., Eningen

ERFAHRUNGEN MIT HEISS- UND KALTLEITERN IN DER MESSTECHNIK

In zahlreichen Schaltungen der Meßgerätetechnik werden temperaturabhängige Widerstände, sogenannte Heißleiter und Kaltleiter, verwendet. Ihr Widerstand soll in den hier behandelten Schaltungen von der Größe des durchfließenden Stromes abhängen und möglichst wenig von der Umgebungstemperatur. Die zum Aufheizen benötigte Energie soll klein sein. Es wird gezeigt, daß der Kaltleiter im allgemeinen dem Heißleiter vorzuziehen ist. Nur in denjenigen Fällen, wo die Schaltung eine große thermische Zeitkonstante fordert und wo hohe Kaltwiderstände benötigt werden, ist der Heißleiter überlegen.

Nachr. - techn. Fachber. 20, S. 15 - 18

Kuhrt, F., Nürnberg

DER HALL - GENERATOR UND SEINE ANWENDUNG IN DER MESSTECHNIK

Hallgeneratoren sind neuartige Bauelemente, die eine technische Ausnutzung des Halleffektes gestatten. Die intermetallischen Verbindungshalbleiter Indiumantimonid und Indiumarsenid ermöglichen die Herstellung leistungsfähiger Hallgeneratoren. Ihre elektrischen Eigenschaften werden diskutiert.

Unter den Anwendungsbeispielen aus der Meßtechnik werden die Messung magnetischer Felder, die Leistungsmessung und Leistungsoszillographie, die kontaktlose Signalgabe, die Umsetzung kleinster Bewegungen in eine elektrische Spannung sowie die statische Abfragung von Magnetogrammen behandelt.

Nachr. - techn. Fachber. 20, S. 19 - 24

Kahle, H.G., Darmstadt

PRINZIPIEN FÜR DEN BAU VON GERÄTEN UND APPARATUREN FÜR TIEFE TEMPERATUREN

Nach einer Übersicht über die unterhalb von 273 $^\circ$K verwendeten Kühlmittel, ihre Eigenschaften und den Temperaturbereich, der mit ihnen überdeckt werden kann, werden die Probleme der Kälteisolierung bei tiefen Temperaturen besprochen und daraus die Prinzipien für den Bau von Tieftemperatur-Geräten und Apparaturen hergeleitet. Diese Prinzipien werden an verschiedenen Beispielen erläutert.

Nachr. - techn. Fachber. 20, S. 25 - 29

Hoffmann, G., Reutlingen

ANWENDUNG VON SICHTGERÄTEN FÜR ZEITSPARENDE MESSUNGEN

Die Darstellung beliebiger Meßkurven oder Kurvenscharen ist mit Hilfe einer Oszillografenröhre möglich, wenn die Meßgrößen sich so trägheitsarm ändern lassen, daß eine rasche, periodische Wiederholung des Meßvorganges möglich ist. Diese Meßmethode kann bei Prüf-, Sortier- und Abgleicharbeiten, insbesondere in der Serienfabrikation, erhebliche Zeitersparnisse mit sich bringen. Die Fehler der Sichtgeräte können durch Einblendung von Eichlinien, Eichrastern, Sollkurven oder Toleranzkurven eliminiert werden. Auch kleinste Abweichungen zwischen Sollkurve (Normal) und Istkurve (Prüfling) können durch Abbildung der Differenz oder des Quotienten in entsprechend gedehntem Maßstab deutlich sichtbar gemacht werden.

Nachr. - techn. Fachber. 20, S. 31 - 34

Schunack, J., Berlin

EIN RASTERKURVENSCHREIBER UND SEINE ANWENDUNG

Das Prinzip des Rasterkurvenschreibers - das Einschreiben von Kurven in ein Fernsehraster auf dem Schirm einer Fernsehbildröhre - wird dargestellt, und die damit für die Meßtechnik gegebenen Möglichkeiten werden untersucht. Die Voraussetzungen für die Anwendung dieses Gerätes und die erreichbaren Ergebnisse werden aufgezeigt.

An Hand ausgeführter Beispiele für verschiedene Anwendungszwecke wird über die gewonnenen Erfahrungen berichtet. Insbesondere wird auf die Verwendung des Rasterkurvenschreibers für die Wobblung von Vierpolen - Amplituden und Phasengang - eingegangen, sowie auf die Anwendung für spezielle Anforderungen an Sichtgeräte hingewiesen.

Nachr. - techn. Fachber. 20, S. 35 - 36

SUMMARIES

NACHRICHTENTECHNISCHE FACHBERICHTE - NTF

Vol. 20 (1961)

"Recent Problems in Measurements"

Publisher Friedr. Vieweg & Sohn, Braunschweig/Germany

Kartaschoff, P., Bonami, J., De Prins, J., Neuchâtel

ATOMIC AND MOLECULAR CLOCKS

The design and the performance of different atomic and molecular clocks used at present are described. The achievable accuracies and the reasons for their limits are discussed.

Nachr. - techn. Fachber. 20, pp. 1 - 5

Kurtze, G., Göttingen

ANALOGIES IN MEASUREMENTS FOR ACOUSTIC AND ELECTRIC WAVES OF EQUAL WAVELENGTHS

Acoustic and electric waves obey the same wave equation and it is to be expected that the measurement techniques in both fields must have similarities in many respects. This is particularly so when the measuring equipment and the principles of measurements used for waves of equal wavelengths are compared. In the subsequent report of a speech such analogies, which are particularly apparent in a comparison between radar and sonar techniques, are summarized also for other fields such as the generation of directional radiation, the design of matching surfaces and terminations, the measurement of power and the measurement techniques for lines. Investigations of this type are not only interesting but have in many cases already had a stimulating effect in measurements in both fields.

Nachr. - techn. Fachber. 20, pp. 6 - 10

Mrass, H., Braunschweig

THE THEOREM OF RECIPROCITY AND ITS APPLICATION IN MEASUREMENTS

As an introduction the applications of the theorem of reciprocity in elasto-mechanics, acoustics and electro-dynamics as well as in mechanical-acoustical and electro-mechanical systems are discussed. The law of reception according to Schottky is derived by means of a simple method and its application in the calibration of microphones in a free field of sound is explained.

Nachr. - techn. Fachber. 20, pp. 11 - 14

Sommer, J., Eningen

EXPERIENCES WITH HOT OR COLD CONDUCTING MATERIALS IN MEASUREMENTS

Temperature sensitive resistors, so-called hot or cold conducting materials, are used in many circuits in measurements. In the circuits described here their resistance depends on the magnitude of the passing current and should be independent as much as is possible from the ambient temperature. The energy required for the heating should be as small as possible. It is shown that a cold conducting material is to be generally preferred in comparison with hot conducting material. Only in those circuits which require a large thermal time constant and where high cold impedances are needed a hot conducting material is superior.

Nachr. - techn. Fachber. 20, pp. 15 - 18

Kuhrt, F., Nürnberg

THE HALL CURRENT GENERATOR AND ITS APPLICATION IN MEASUREMENT TECHNIQUES

Hall current generators are new circuit elements which permit the utilization of the Hall effect. The intermetallic junction semi-conductors indium antimonide and indium arsenide can be used for the design of efficient Hall current generators. Their electrical properties are discussed.

Examples of applications in measurement techniques are the measurement of magnetic fields, the measurement of power levels and power oscillography, contactless signal circuits, conversion of smallest movements into electric voltages as well as the static read-out from magnetic stores.

Nachr. - techn. Fachber. 20, pp. 19 - 24

Kahle, H.G., Darmstadt

PRINCIPLES FOR THE DESIGN OF EQUIPMENT AND APPARATUS FOR LOW TEMPERATURES

Following a summary of the refrigerants used below $273^{\circ}K$, their properties and their temperature range and the problems of heat insulation at low temperatures are discussed and from this the principles for the design of low temperature equipment and apparatus are derived. These principles are explained by means of various examples.

Nachr. - techn. Fachber. 20, pp. 25 - 29

Hoffmann, G., Reutlingen

THE APPLICATION OF DISPLAY EQUIPMENT FOR SAVING TIME IN MEASUREMENTS

It is possible to display any type of measured curves or family of curves by means of a cathode ray tube when the parameters can be varied without delay so that a fast periodic repetition of the measured process is possible. Such a method may save considerable time in testing, sorting or adjusting processes and specifically in mass production. Errors in the display equipment can be eliminated by an electronic insertion of lines or grids for calibration, as well as curves for required values and tolerances. Even very small deviations of the actual curve (test object) from the required curve (standard) can clearly be made visible by a representation of the difference or the ratio on an enlarged scale.

Nachr. - techn. Fachber. 20, pp. 31 - 34

Schunack, J., Berlin

A GRID CURVE RECORDER AND ITS APPLICATIONS

The principle of a grid curve recorder - the recording of curves in the form of a T.V. raster on the screen of a TV-C.R.T. - is explained and the possibilities offered in measurement techniques are investigated. The conditions for the application of the equipment and the achievable results are mentioned.

The experience obtained is reported with the aid of practical examples for various applications. The application of the grid curve recorder in the wobbling of four-terminal networks - amplitude and phase response - is mentioned in detail and its application in special requirements of display equipments is pointed out.

Nachr. - techn. Fachber. 20, pp. 35 - 36

Schröder, W., Eilvese

RATIONALISIERUNG UND AUTOMATISIERUNG VON PRÜFARBEITSGÄNGEN BEI DER KLEINSERIENHERSTELLUNG VON RELAIS

Bei der Fabrikation von elektrischen Bauelementen und Geräten fallen zahlreiche Prüfarbeitsgänge an, bei denen elektrische oder andere physikalische Eigenschaften der Prüflinge auf Einhalten der zulässigen Toleranzen zu prüfen sind. Am Beispiel eines Relaisprüfautomaten wird gezeigt, wie auch bei der Fertigung kleiner Serien die Prüfzeiten durch ein halbautomatisch arbeitendes, von angelernten Kräften zu bedienendes Prüfgerät wesentlich verkürzt werden kann, wobei gleichzeitig Meßzahlen für die Schwankungsbreite der Qualität und ihrer Tendenz anfallen.

Nachr. - techn. Fachber. 20, S. 37 - 38

Beckstroem, H., Berlin

AUTOMATISCHE PRÜFUNG VON TRÄGERFREQUENZGERÄTEN

Es wird über eine Automatisierung der Prüfung kommerzieller Nachrichtengeräte, und zwar von Trägerfrequenz-Fernsprechgeräten, berichtet.

Nachr. - techn. Fachber. 20, S. 39 - 40

Waitz, G., Stuttgart

VERFAHREN ZUR AUTOMATISCHEN DÄMPFUNGSPRÜFUNG

Es werden zwei Verfahren zur automatischen Dämpfungsprüfung erläutert:

a) Frequenzabhängige Restdämpfungsprüfung von TF-Kanälen;

b) Dämpfungsprüfung von Übertragungsstrecken.

Nachr. - techn. Fachber. 20, S. 41 - 42

Reinisch, G., Karlsruhe

MESSTECHNISCHE EIGENSCHAFTEN UND GRENZEN DER ANALOG - DIGITAL - UMFORMER

In einem Überblick werden die wesentlichsten Eigenschaften der Analog - Digital - Umformer beschrieben. Es werden erklärt: Verschiedene Vergleichsgrößen und deren Auflösungsvermögen, Meßorgan, Zahlendarstellung, Kennlinie, Meßempfindlichkeit, Meßgenauigkeit, Verschlüsslungszeit und die Verschlüsslungsprinzipien der Sägezahn-, Stufen- und Scheibenverschlüssler.

In einer Tafel sind die wichtigsten meßtechnischen Eigenschaften und Grenzen der Sägezahn-, Stufen-, Längen- und Drehwinkelverschlüssler angegeben.

Nachr. - techn. Fachber. 20, S. 43 - 47

Lenz, K.L., München

ANALOGE DARSTELLUNG DIGITALER DATEN AUF EINEM SICHTGERÄT

Ein Gerät wird als Beispiel beschrieben, das die Ergebnisse eines Digitalrechners anschaulich auf einer großen Bildröhre analog zur Anzeige bringt. Es können bis zu 2000 Einzelwerte in einer Sekunde aufgeschrieben werden. Da die Röhre sehr lange nachleuchtet, kann man zusammenhängende Funktionsverläufe verfolgen. Die Verarbeitung der vom Rechner an das Analog - Sichtgerät ausgelieferten Impulse bis zur analogen Kurvendarstellung auf einer Braunschen Röhre wird beschrieben.

Nachr. - techn. Fachber. 20, S. 48 - 50

Schröder, W., Eilvese

RATIONALIZATION AND AUTOMATION OF TEST PROCEDURES IN A BATCH PRODUCTION OF RELAYS

A large number of test procedures in which the permissible tolerances of electrical and other physical properties of objects have to be tested are encountered in the production of electrical circuit elements. An example of an automatch relay testing device is used to illustrate that the testing time in the production of small batches can substanually be reduced by means of a semi-automatically operating test device which may be handled by trained unskilled personnel. Measured data for the fluctuation of the quality range and its tendency is simultaneously obtainail.

Nacer. - techn. Fachber. 20, pp. 37 - 38

Beckstroem, H., Berlin

AUTOMATIC TESTING OF CARRIER FREQUENCY EQUIPMENT

The paper is a report on the introduction of automatic testing methods for commercial communication equipment and carrier frequency equipment in particular.

Nacer. - techn. Fachber. 20, pp. 39 - 40

Waitz, G., Stuttgart

A METHOD FOR AUTOMATIC ATTENUATION MEASUREMENTS

Two methods for automatic attenuation measurements are desoribed:

a) The measurement of frequency sensitive overall attenuation in carrier frequency channels.

b) Attenuation measurements on transmission links.

Nachr. - techn. Fachber. 20, pp. 41 - 42

Reinisch, G., Karlsruhe

THE PERFORMANCE AND THE ACCURACY OF ANALOGUE - DIGITAL CONVERTERS IN MEASUREMENTS

The main properties of analogue-digital converters is summarized and explanations are given for: Various comparison quantities and their resolution, measuring units, representation in figures, characteristics, sensitivity of measurements, accuracy of measurements, coding time and coding principles of saw-tooth, step function and disc encoders.

The most important measurement properties and limits of the saw-tooth, step function, distance and angle encoders are compiled in a table.

Nachr. - techn. Fachber. 20, pp. 43 - 47

Lenz, K.L., München

ANALOGUE DISPLAY OF DIGITAL DATA

An equipment is described which displays the results from a digital computer in a lucid analogue form on a large C.R.T. Up to 2000 individual values can be displayed in one second. Coherent responses can be traced because of the long after-glow of the tube. The conversion of the pulses delivered by the computer to the analogue display for an analogue representation on a C.R.T. is described.

Nachr. - techn. Fachber. 20, pp. 45 - 50

Nachrichtentechnische Fachberichte

Herausgegeben von
Dipl.-Ing. J. Wosnik, Düsseldorf

Lieferbare Bände:

Band 1: **Halbleiterdioden und Transistoren**
DM 3,60 (2,70)

Band 2: **Rauschen.** DM 6,— (4,50)

Band 3: **Informationstheorie.** DM 22,— (16,50)

Band 4: **Elektronische Rechenmaschinen und Informationsverarbeitung**
DM 26,— (19,50)

Band 5: **Probleme der Halbleitertechnik**
DM 12,— (9,—)

Band 9: **Gasentladungsröhren in der Nachrichtentechnik.** DM 8,50 (7,50)

Band 10: **Fernwirktechnik II.** DM 14,— (12,—)

Band 11: **Nachrichtentechnisches Schrifttum 1948–1957.** DM 12,80 (11,—)

Band 12: **Funktechnik.** DM 17,50 (15,—)

Band 13: **Erzeugung von Schwingungen mit wesentlich nichtlinearen negativen Widerständen**
DM 6,60 (5,80)

Band 14: **Informationsverarbeitende Systeme.** DM 10,— (8,50)

Band 15: **Elektroakustik.** DM 11,50 (10,—)

Band 16: **Fernwirktechnik III.** DM 16,— (14,40)

Band 17: **Beiträge zur Technik elektronischer Analogrechner** DM 13,— (11,70)

Band 18: **Transistoren für hohe Frequenzen**
DM 36,— (32,40)

Band 19: **Stand und Aufgabe der Weitverkehrstechnik** DM 31,— (28,—)

Band 20: **Neuere Probleme der Meßtechnik**
DM 12,— (10,80)

Band 21: **Systeme mit nichtlinearen oder gesteuerten Elementen**
DM 25,50 (23,—)

Band 23: **Mikrowellentechnik und Antennen**
DM 42,— (37,80)

In Vorbereitung:

Band 22: **Mikrowellenröhren**
DM 210,—. Subskriptionspreis DM 189,—

Die in Klammern stehenden Preise sind Vorzugspreise für Mitglieder der NTG/VDE und für Studierende der einschlägigen Fachrichtungen bei direkter Bestellung an den Verlag

FRIEDR. VIEWEG & SOHN BRAUNSCHWEIG

Frequenzgeneratoren und Meßanlagen für die Mikrowellenspektroskopie bis 30000 MHz (und höher)

- Frequenzmessung und Analyse höchster Genauigkeit
- Quarzgenaue Synchronisierung und Verstimmung von Mikrowellenoszillatoren
- Darstellung und Messung von Modulationsspektren
- Universelle Verwendung für Messungen an Mikrowellensystemen

Mikrowellenfrequenzdekade Typ FD 3 mit **Synkriminator Typ FDS 3**

Frequenzmeß- und Synchronisieranlage im Frequenzbereich 300 ... 12600 MHz und darüber bei Verwendung geeigneter Verzerrermischköpfe.

Einstellgenauigkeit einer Frequenz im Grundbereich 300 bis 1000 MHz: ± 300 Hz, mit Dekade ND 5 und Feindekade NDF 2: ± 1 Hz Genauigkeit des Quarznormals: $2 \cdot 10^{-8}$/24 Std.

Der Synkriminator Typ FDS 3 ermöglicht die quarzgenaue Synchronisierung eines beliebigen Klystrons auf eine beliebige Vergleichsfrequenz, die am FD 3 eingestellt wird.

Wir sind gerne bereit, auf Wunsch genaue Unterlagen zur Verfügung zu stellen.

SCHOMANDL K. G. MÜNCHEN 8 · BELFORTSTRASSE

If you have any concerns about our products,
you can contact us on
ProductSafety@springernature.com

In case Publisher is established outside the EU,
the EU authorized representative is:
**Springer Nature Customer Service Center GmbH
Europaplatz 3, 69115 Heidelberg, Germany**

Printed by Libri Plureos GmbH
in Hamburg, Germany